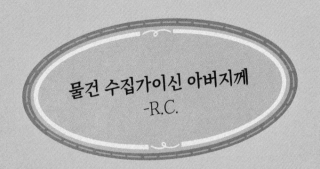

물건 수집가이신 아버지께
-R.C.

호기심이 많은 친구에게
-M.R.

A TEMPLAR BOOK
First published in the UK in 2023 by Templar Books,
an imprint of Bonnier Books UK
Text copyright © 2023 by Matt Ralphs
Illustration copyright © 2023 by Robbie Cathro
Design copyright © 2023 by Templar Books
All rights reserved

세상을 바꾼 80가지 발명

처음 펴낸날 2024년 11월 20일 | 지은이 맷 랄프스 | 그린이 로비 카스로
옮긴이 송은혜 | 펴낸이 김옥희 | 펴낸곳 애플트리태일즈(아주좋은날) | 출판등록 (제16-3393호)
주소 서울시 강남구 테헤란로 201(아주빌딩), 501호 (우)06141 | 전화 (02)557-2031
팩스 (02)557-2032 | 홈페이지 www.appletreetales.com | 블로그 http://blog.naver.com/appletales
페이스북 https://www.facebook.com/appletales | 트위터 https://twitter.com/appletales1
인스타그램 @appletreetales, @애플트리태일즈
가격 23,500원 | ISBN 979-11-92058-43-6 (73500)

어린이제품 안전특별법에 의한 기타 표시사항
품명 : 도서 | 제조 연월 : 2024년 11월 | 제조자명 : Bonnier Books UK | 제조국 : 중국 | 사용연령 : 9세 이상
주소 : 서울시 강남구 테헤란로 201, 5층(02-557-2031)

혼합
책임 있는 | 종이
산림 지원
FSC® C104723

세상을 바꾼 80가지 발명

맷 랄프스 글 | 로비 카스로 그림 | 송은혜 번역

appletree tales

목차

석기 시대 도구들

"석기 시대의 기발한 도구들"

석기 시대는 선사 시대의 사람들이 돌을 도구로 사용한 시대를 말해요. 석기 시대는 약 250만 년 동안 지속되다가 인류가 철을 도구로 사용하기 시작했던 약 5천 년 전 즈음에 끝났답니다. 석기 시대는 초기 형태의 석기를 사용했던 '구석기 시대', 석기 만들기 기술이 발달했던 '중석기 시대', 그리고 농경 생활이 시작된 '신석기 시대'로 나눌 수 있어요.

부싯돌

망치 돌

격지

이 격지는 돌을 돌로 쳐서 다듬는 '냅핑'이라는 정교한 기술로 만들었답니다.

구석기 시대 도구들

구석기 시대는 258만 년 전부터 11,700년 전까지 이어졌어요. 이때는 다양한 도구가 발명된 시대였답니다. 지금까지 발견된 가장 오래된 구석기 시대 도구 중 하나는 케냐에서 발견된 손 크기의 날카로운 돌칼이에요. 동물의 살을 도려내고, 뼈를 부수어서 골수를 빼내는 데 사용했답니다. 약 176만 년 전부터는 손도끼를 사용했는데, 주로 무언가를 자르거나, 파거나, 자신을 지키는 데 사용했어요. 동물의 가죽을 벗기기 위한 부싯돌 긁개를 만들기도 했죠. 구석기 시대 말기가 되자 사람들은 부싯돌 조각으로 특수하고 정교한 도구를 만들어 내기에 이르렀답니다.

돌로 만든 무기

약 50만 년 전까지만 해도 석기 시대 사람들은 창으로 들소와 가젤을 사냥해서 고기와 뼈, 가죽을 얻었어요. 그 외에도 검치호 또는 동굴곰처럼 지금은 멸종되었지만, 당시에는 사람들의 목숨을 위협했던 사나운 동물들로부터 자신을 지키기 위해서 창을 사용했답니다.

동굴 화가의 그림 도구

적어도 40,000년 전부터 석기 시대 사람들은 뼈나 돌, 상아 등을 사용해서 동물의 모습을 한 조각품을 만들기 시작했어요. 그리고 광물, 숯, 피, 열매 등으로 색깔을 내어 동물 벽에 손이나 동물 털로 만든 붓을 이용하거나, 속이 빈 뼈에 넣고 입으로 불어서 그림을 그렸답니다. 이렇게 만들어진 다채롭고 아름다운 예술 작품들을 통해 우리는 석기 시대 사람들이 어떻게 살았는지, 어떻게 생존했는지 그들의 세상을 엿볼 수 있어요.

털매머드를 사냥 중인 석기 시대 사람들

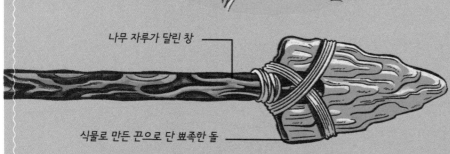

나무 자루가 달린 창

식물로 만든 끈으로 단 뾰족한 돌

물감 그릇과 붓

중석기 시대 도구들

중석기 시대에 접어들자, 사람들은 더욱 특수화된 도구를 다양한 용도로 사용하기 시작했어요. 날카롭게 간 돌에 나무 손잡이가 달린 작은 도끼를 사용해서 동물을 잡고 나무를 잘랐답니다. 또한 뼈를 뾰족하게 깎아 만든 뚜르개라는 작은 도구를 사용해서 동물 가죽에 구멍을 뚫고 옷과 천막을 만들었어요.

돌도끼

뚜르개

구석기 시대 손도끼

잔석기

잔석기

잔석기는 부싯돌을 작고 날카롭게 갈아 만든 조각이에요. 주로 창, 투창, 작살, 화살의 촉으로 사용된 잔석기는 아프리카, 아시아, 그리고 유럽의 전역에서 발견된답니다. 간석기는 모양과 크기가 다양하지만 대부분 크기가 매우 작았어요. 어떤 건 손가락보다도 작았답니다. 이걸 보면 석기 시대 사람들의 도구 만들기 기술이 얼마나 대단했었는지 알 수 있어요.

까뀌 (나무 깎는 손 공구–옮긴이)

부싯돌로 만든 화살촉

연마한 망치 머리

낫

신석기 시대 도구들

인류의 도구 만들기 기술은 신석기 시대(기원전 10000~3000년)에 접어들어서 계속해서 발전했어요. 여전히 돌을 깎아 도끼와 칼을 만든 것은 구석기 시대와 다를 바 없었지만, 신석기 시대 사람들은 연마석을 이용해서 깎인 부분을 매끄럽게 만들거나, 가장자리를 면도칼처럼 날카롭게 만들기도 했답니다. 이 기술을 이용해서 무거운 도끼, 괭이, 간단한 배와 건물을 지을 수 있는 나무 공구를 만들었어요.

부싯돌로 만든 칼

농경 생활을 위한 도구

석기 시대 도구는 인류의 역사를 완전히 바꾸어 놓았어요. 도구를 통해 사람들은 생존을 위해 자신보다 훨씬 더 크고 사나운 동물도 죽일 수 있게 되었답니다. 또한 벌목을 하여 들판과 목초지를 만들고, 농작물을 재배할 땅을 고르고, 농경 생활도 가능해져서 사냥과 채집에만 의존하던 때보다 안정적으로 식량을 구할 수 있게 되었어요.

나선식 펌프

"고대인들이 물을 끌어올린 방법"

물은 항상 위에서 아래로 흐르죠. 그런데 만약 물을 아래에서 위로 올라가게 하려면 어떻게 해야죠? 고대인들이 만든 기발한 발명품이 바로 나선식 펌프랍니다. 최초의 나선식 펌프는 기원전 7세기에 고대 이집트와 아시리아(현재의 이라크, 이란, 쿠웨이트, 시리아, 튀르키예가 있는 지역)에서 만들어졌다고 추정되고 있어요. 당시 농부들은 이 펌프를 사용하여 나일강의 물을 밭으로 끌어올려 농작물에 물을 댔는데, 나선식 펌프를 설계한 사람은 기원전 3세기 고대 그리스의 발명가 아르키메데스^{Archimedes}였어요. 그가 만든 펌프는 속이 빈 원기둥 안에 회전축을 넣고 나선을 붙인 모습이었어요. 이 펌프를 강둑에 비스듬히 놓고 한쪽 끝을 물에 담근 후 회전축을 손으로 돌리면 물이 위로 올라가면서 기둥 위쪽에서 흘러나왔답니다. 이런 펌프를 '양변위 펌프'라고 해요. 아르키메데스가 만든 나선식 펌프는 오늘날에도 밭에 물을 대고, 광산의 물을 빼내고, 바다에 땅을 간척하는 데 사용되고 있답니다. 다행히 오늘날엔 회전축을 손으로 돌리지 않아도 된답니다.

나선

파이프

세계 최초로 나선형 프로펠러를 사용한 증기선은 1839년에 건조되었답니다. 아르키메데스와 그의 천재적인 발명품을 기려서 'SS 아르키메데스'라고 이름 지어졌어요.

볼펜

"세계를 주목시킨 필기구"

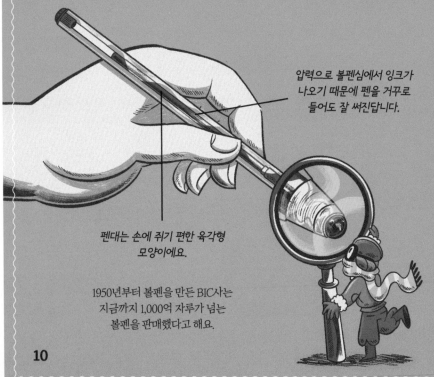

압력으로 볼펜심에서 잉크가 나오기 때문에 펜을 거꾸로 들어도 잘 써진답니다.

펜대는 손에 쥐기 편한 육각형 모양이에요.

1950년부터 볼펜을 만든 BIC사는 지금까지 1,000억 자루가 넘는 볼펜을 판매했다고 해요.

필기를 쉽고 값싸게 만들어 준 작고 소박한 발명품 하나가 글쓰기의 혁명을 불러일으켰답니다. 펜대 안에 작은 공을 넣어 종이에 잉크를 굴려 쓰게 하는 방식인 볼펜을 처음 고안한 사람은 미국의 존 J 라우드^{John J Loud}예요. 그러나 1888년에 발명된 이 볼펜은 나무와 가죽에는 잘 써졌지만, 종이에는 잘 써지지 않아 잘 팔리지는 않았답니다. 헝가리의 발명가 라슬로 비로^{László Bíró}가 잉크가 마르는 데 너무 오랜 시간이 걸리는 게 문제라는 걸 발견하고 순식간에 말라 버리는 진한 잉크를 발명했고, 1943년 아르헨티나에서 이 잉크를 사용한 볼펜을 생산하기 시작했답니다. 그렇지만 금속으로 만들어진 그 볼펜은 가격이 너무 비쌌어요. 현재 우리가 사용하는 값싸고 대량생산이 가능한 플라스틱 BIC 볼펜을 처음 만든 사람은 이탈리아 태생의 프랑스인 제조업자 마르셀 비흐^{Marcel Bich}였어요. 오늘날 이 볼펜은 한 자루에 500원 정도면 살 수 있고, 3킬로미터 길이만큼 필기할 수 있답니다.

수족관

"바다를 향한 창"

1832년 프랑스의 해양 생물학자 잔 빌프뢰파워^{Jeanne Villepreux-Power}는 해양식물과 동물이 살 수 있는 방수된 유리 상자를 설계했어요. 이 상자 덕분에 그녀는 편안하게 집에 앉아 해양 생물을 연구할 수 있었고, 많은 연구 업적을 쌓아 동료들의 존경을 받았답니다. 그녀가 살았던 시대를 고려하면 이건 정말 대단한 일이었어요.

여성의 능력이 남성보다 떨어진다고 믿었던 19세기 유럽에서는 여성이 자신의 능력과 재능을 충분히 발휘할 기회가 많이 주어지지 않았어요. 그러나 빌프뢰파워처럼 창의력 넘치고 능력있는 여성들은 당시 사회에 만연했던 성차별적인 편견을 깨는 데 큰 기여를 했답니다.

수족관이라는 의미의 '아쿠아리움'은 라틴어에서 유래된 단어예요. '아쿠아'는 '물'이라는 뜻이고, '아리움'은 '공간'이라는 뜻이랍니다. 그러니 '물이 있는 공간'이란 뜻의 아쿠아리움은 해양 생물을 연구하기에는 최적의 장소였죠.

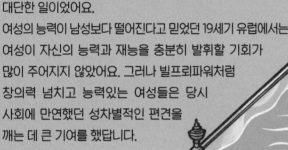

수족관의 창조자

빌프뢰파워의 수족관으로부터 영감을 받은 여러 발명가들이 열대어가 살 수 있는 온수 수족관처럼 새로운 형태의 수족관을 만들어 내기 시작했어요. 1853년에는 런던 동물원에 최초의 공공 수족관이 지어졌고 오늘날에 많은 방문객을 맞이하고 있답니다. 현대의 공공 수족관은 가오리나 상어처럼 몸집이 큰 해양 동물을 수용할 수 있을 만큼 크기도 커지고 기술적으로도 발전했어요. 또한 전 세계 수백만 명의 사람들이 집에 수족관을 두고 직접 해양 생물을 키우기도 한답니다. 연구에 따르면 물고기의 움직임을 가만히 바라보는 것만으로도 마음이 안정되고 불안과 스트레스를 줄일 수 있다고 해요.

다이너마이트

"강력한 폭발력이 있지만 안전함"

스웨덴의 화학자 알프레드 노벨Alfred Nobel은 1866년에 운 좋게 다이너마이트를
발명했답니다. 그전까지만 해도 총 쏘기나 광산 폭파 등 폭발물이 필요한 모든
곳에는 '화약(57페이지 참조)'이 사용되었어요. 그런데 1846년에 이탈리아의
화학자 아스카니오 소브레로Ascanio Sobrero에 의하여 '니트로글리세린'이라는
강력한 폭발성 액체가 발명되었고, 실험실에서 이 물질을 실험하던 노벨은
니트로글리세린을 '규조토'라고 불리는 암석 분말에 흡수시켜 반죽으로
만들었답니다. 매우 불안정한 물질인 니트로글리세린이 규조토와 섞이면
안정된다는 사실을 발견했기 때문이었어요. 노벨은 이 반죽을 막대
모양으로 말아서 종이로 덮은 후 도화선을 붙여 주었어요. 이렇게 만든
다이너마이트는 운반과 취급이 안전할 뿐 아니라 광산이나 오래된
건물에 구멍을 만들어 폭파시키기에 안성맞춤이었어요. 노벨은
자신의 발명품에 '힘'이라는 뜻을 가진 그리스어 '듀나미스'에서
유래한 '다이너마이트'라는 이름을 붙여주었고, 지금까지도 널리
사용되고 있답니다.

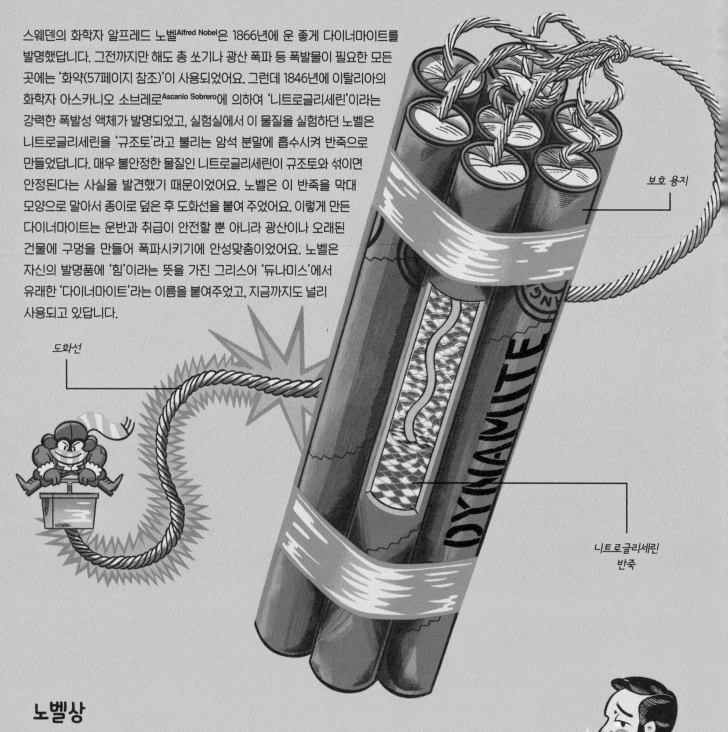

보호 용지

도화선

DYNAMITE

니트로글리세린
반죽

노벨상

1888년에 프랑스의 한 신문사는 알프레드 노벨이 사망한 것으로 잘못 알고 '죽음의 상인, 사망하다'라는 제목
의 기사를 냈어요. 신문은 노벨이 '빠른 시간 안에 많은 사람들을 죽이는 방법을 개발해 부자가 되었다'라며 그
를 비난했는데, 노벨은 자신이 진짜로 죽고 나면 이렇게 기억될까 봐 무척 속이 상했어요. 그래서 그는 자신
의 발명품으로 번 돈을 좋은 곳에 쓰기로 결심했답니다. 그는 자신의 재산으로 '노벨상'을 설립해서 매년 물리
학, 화학, 의학, 문학, 그리고 세계 평화 분야에서 위대한 업적을 이룬 사람에게 수여하도록 유언을 남겼어요.

체스

"고대의 오락거리"

여러 말이 전략적인 전투를 벌이는 체스는 정말 오래된 게임이에요. 체스는 1,500년 전에 인도에서 유행했던 '차투랑가'라는 보드게임의 변형된 버전인 것 같아요. 체스와 마찬가지로 차투랑가도 64개의 사각형으로 이루어진 보드를 사용하고 보병, 기병, 코끼리, 전차 등 다양한 방식으로 움직일 수 있는 기물을 사용해요. 차투랑가는 순례자 (종교적 목적으로 성지를 순례하는 사람)들과 상인들로 인하여 널리 퍼졌습니다. 고대 페르시아인들은 이 게임을 '샤트란즈'라고 불렀는데, '체크메이트'라는 말은 '왕이 얼어붙었다'라는 뜻의 페르시아어 '샤 매트'에서 유래되었다고 해요. 우리가 지금 알고 있는 체스는 1300년경에 중세 유럽에서 현재의 모습을 갖추게 되었고, 오늘날에는 전 세계 약 200여 개 나라의 사람들이 즐기는 놀이가 되었답니다.

기사의 놀이

체스는 중세 유럽의 기사와 귀족들이 재미와 도박을 위해 즐겼던 인기 있는 오락거리였어요. 특히 전쟁 중 도시나 성이 포위되어 꼼짝없이 그 안에 갇혀있었을 때 시간을 보낼 수 있는 최고의 방법이었죠. 중세 사람들이 사용했던 체스 기물은 아름답게 조각되고 장식된 것들이 많았답니다.

활과 화살

"먼 거리에서 공격할 수 있는 치명적인 무기"

날카로운 막대기 하나에 의지하여 사나운 검치호(긴 송곳니를 가진 호랑이와 비슷한 고양잇과 포유류-옮긴이)와 사투를 벌이는 석기 시대 인간의 모습을 한번 상상해 보세요. 단 한 번의 실수로도 죽을 수 있는 끔찍한 상황이죠. 그런데 활과 화살 덕분에 맹수와 멀리 떨어져서 싸울 수 있고, 심지어 맹수가 자신을 발견하기도 전에 먼저 공격할 수 있게 되었어요. 인류가 활을 사용했다는 가장 오래된 증거는 약 6만 4천 년 전에 남아프리카에서 사용된 화살촉이랍니다. 청동기 시대 (기원전 3500~1200년경)에 살았던 중국, 이집트, 페르시아(현대의 이란), 그리고 아시리아의 사냥꾼과 군인은 때론 말을 타고, 때론 두 발로 서서 활쏘기를 했어요. 약 5,000년 전의 남아메리카 원주민도 활과 화살을 사용했던 흔적이 있답니다.

활시위

활을 쏘기 위해 궁수가 활시위를 뒤로 당기면 활에 에너지가 저장돼요.

궁수가 활시위를 놓으면, 저장되었던 에너지가 화살에 전달되면서 화살이 공중으로 발사돼요.

13세기 몽골 전사들은 다른 군대보다 거의 100미터나 더 멀리 쏠 수 있는 활을 사용했다고 해요.

선사 시대의 전투

스페인의 모렐라 라 벨라에서 발견된 멋진 선사 시대 동굴 벽화는 두 집단의 전투 장면을 표현하는 듯해요. 약 7,000년 전에 그려진 것으로 추정되는 이 벽화에는 일곱 명의 궁수가 서로를 향해 활을 쏘려는 모습이 담겨 있답니다. 한 무리의 사람들이 기습 공격하는 모습처럼 보이기도 해요. 동물을 향해서 뿐만 아니라 사람을 향해 활을 겨누었던 인류의 역사가 선사 시대까지 거슬러 올라간다는 사실을 알 수 있어요.

수세식 화장실

"신기한 오물처리기"

고대에도 화장실은 있었답니다. 처음에는 땅에 깊은 구멍을 뚫어 용변을 보는 것이 전부였죠. 그렇지만 인류가 배수관을 발명하면서 배설물을 빠르게 씻어 낼 방안이 생겨났답니다. 인더스 문명(현재의 아프가니스탄, 파키스탄, 그리고 인도의 북부 지역)은 3,000여 년 전에 최초의 수세식 화장실을 만들었어요. 이 도시 사람들의 집에 있는 변기는 지하 하수구에 연결되어 있었고, 사람들은 거기에 물을 부어 배설물을 씻어 내려보냈답니다. 이처럼 수세식 변기는 고대에도 전 세계 여러 곳에서 다양한 형태로 발명되었지만, 1850 년대가 될 때까지 일반적인 가정에 수세식 변기가 설치된 경우는 거의 없었어요. 대부분의 사람들은 요강이나(오물을 길거리에 쏟아 버리기도 했답니다!) 깊은 구덩이를 파고 그 위에 앉을 자리를 깐 야외 화장실을 사용하거나, 그냥 땅에 구멍을 파고 그 안에 볼일을 보기도 했어요. 그러다가 1590년대에 영국인 존 해링턴 경Sir John Harington이 최초의 현대식 수세식 변기를 발명했답니다. 그러나 그가 만든 높은 물탱크(수조)에 변기통을 연결한 모양의 변기를 대중화하는 데 실패했어요. 그 후 약 200년이 지나 S자형 관의 개발처럼 많은 개선이 이루어진 후에야 수세식 변기는 인기를 끌기 시작했어요.

변기는 오랜 세월에 걸쳐 '편의의 집', '제이크', '러트린', '은밀한 공간', '가드로브', '레버토리', '코모드', '존', 'W.C' 등 여러 가지 이름으로 불렸답니다.

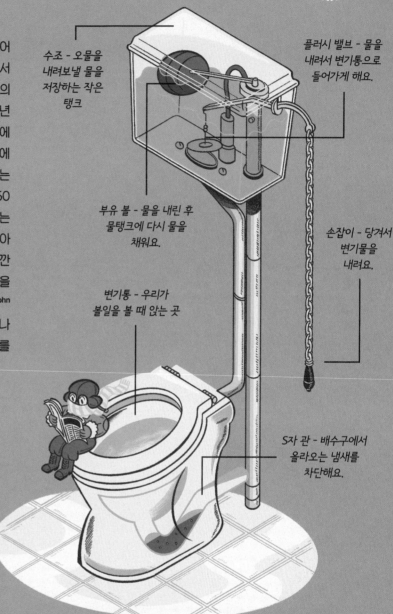

수조 - 오물을 내려보낼 물을 저장하는 작은 탱크

플러시 밸브 - 물을 내려서 변기통으로 들어가게 해요.

부유 볼 - 물을 내린 후 물탱크에 다시 물을 채워요.

손잡이 - 당겨서 변기물을 내려요.

변기통 - 우리가 볼일을 볼 때 앉는 곳

S자 관 - 배수구에서 올라오는 냄새를 차단해요.

고대 로마의 공중화장실

고대 로마인들은 곳곳에 공중화장실을 지었어요. 그렇지만 넓고 어둑어둑한 로마의 공중화장실에서 프라이버시란 전혀 찾아볼 수 없었어요! 화장실 안에는 여러 개의 구멍이 뚫린 긴 벤치들이 놓여 있었고, 그 밑으로 오물을 하수구로 보낼 물이 흘렀어요. 용변을 마친 사람들은 '테르소름('닦는 물건'이라는 뜻)'이라 불리는 해면이 달린 나무 막대로 뒤처리를 했어요. 사용한 테르소름은 소금이나 식초가 담긴 물통에 헹궈서 다음 사람이 사용할 수 있도록 했답니다.

비행기

"위로 높이 그리고 저 멀러"

사람들은 언제나 하늘을 나는 것을 꿈꿔 왔어요. 약 3,000년 전에 중국에는 대나무와 비단으로 만든 연이 등장했고, 일본, 인도, 폴리네시아까지 퍼져나갔죠. 고대 중국인들은 '풍등'이라 불리는 작은 열기구도 만들었답니다. 사람을 태울 수 있는 최초의 열기구는 1783년에 프랑스의 몽골피에^{Montgolfier} 형제가 발명했어요. 프랑스의 공학자 앙리 지파르^{Henri Giffard}가 만든 최초의 비행선(엔진으로 추진되는 열기구)은 1852년에 첫 비행을 시작했답니다. 1850년대에는 무동력 날개를 단 '글라이더'가 발명됐고, 1890년대에 독일의 글라이더 조종사 오토 릴리엔탈^{Otto Lilienthal}은 진화된 동력 비행기를 만들어 냈어요.

라이트 플라이어

최초의 동력 항공기

1903년 12월 17일, 미국인 형제 윌버 라이트와 오빌 라이트^{Wilbur and Orville Wright}는 미국의 사우스캐롤라이나주에서 12마력 엔진과 가솔린 프로펠러를 장착한 비행기 '라이트 플라이어'를 타고 처음으로 하늘을 날았어요. 인류가 최초로 동력 비행에 성공한 역사적인 순간이었답니다. 나무와 모슬린, 그리고 자전거에 사용되는 스포크 와이어로 제작한 이 비행기는 아주 높이 날거나 멀리까지 가지는 못했지만 새로운 비행 시대를 열어 주었어요.

단엽기, 복엽기, 그리고 삼엽기

라이트 플라이어가 발명된 이후 비행기는 빠른 속도로 발전하기 시작했어요. 기동성도 좋아지고, 더 안정적으로 비행할 수 있게 되었죠. 이런 비행기의 군사적 유용성을 깨달은 정부들은 나라마다 공군을 창설하기 시작했답니다. 전투기, 폭격기, 정찰기는 1차 세계대전(1914~18년) 때도 많은 발전을 이뤘지만, 본격적으로 그 진가를 발휘한 것은 2차 세계대전(1939~45년)때였어요.

솝위드 카멜 복엽기

비행의 황금기

비행을 향한 인류의 열망이 절정에 달했던 시기는 1920년대와 1930년대였어요. 비행기가 세련된 금속으로 만들어지기 시작했고, 소형 여객기가 생겨나면서 몇 주씩이나 배를 타지 않고도 세계를 여행할 수 있게 되었답니다. 1927년에는 찰스 린드버그^{Charles Lindbergh}가 단엽기인 '스피릿 오브 세인트루이스'를 타고 남성 최초로 대서양을 횡단했고, 1932년에는 아멜리아 에어하트^{Amelia Earhart}가 '록히드 베가'를 타고 여성 최초로 대서양을 횡단했어요.

스피릿 오브
세인트루이스

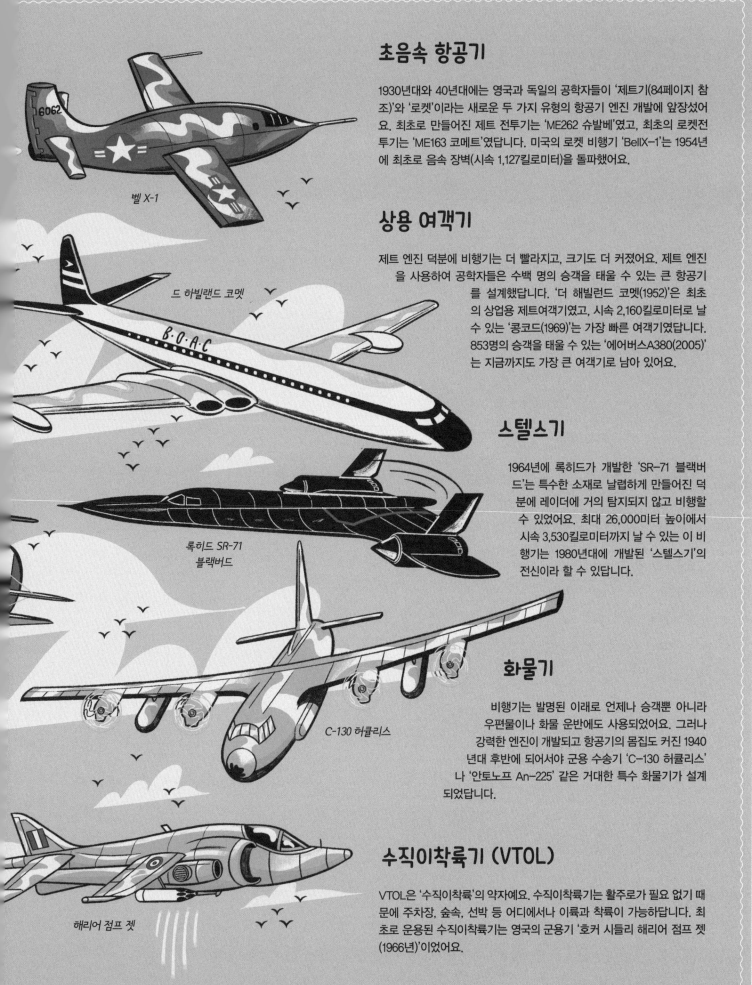

초음속 항공기

1930년대와 40년대에는 영국과 독일의 공학자들이 '제트기(84페이지 참조)'와 '로켓'이라는 새로운 두 가지 유형의 항공기 엔진 개발에 앞장섰어요. 최초로 만들어진 제트 전투기는 'ME262 슈발베'였고, 최초의 로켓전투기는 'ME163 코메트'였답니다. 미국의 로켓 비행기 'BellX-1'는 1954년에 최초로 음속 장벽(시속 1,127킬로미터)을 돌파했어요.

벨 X-1

상용 여객기

제트 엔진 덕분에 비행기는 더 빨라지고, 크기도 더 커졌어요. 제트 엔진을 사용하여 공학자들은 수백 명의 승객을 태울 수 있는 큰 항공기를 설계했답니다. '더 해빌런드 코멧(1952)'은 최초의 상업용 제트여객기였고, 시속 2,160킬로미터로 날 수 있는 '콩코드(1969)'는 가장 빠른 여객기였답니다. 853명의 승객을 태울 수 있는 '에어버스A380(2005)'는 지금까지도 가장 큰 여객기로 남아 있어요.

드 하빌랜드 코멧

스텔스기

1964년에 록히드가 개발한 'SR-71 블랙버드'는 특수한 소재로 날렵하게 만들어진 덕분에 레이더에 거의 탐지되지 않고 비행할 수 있었어요. 최대 26,000미터 높이에서 시속 3,530킬로미터까지 날 수 있는 이 비행기는 1980년대에 개발된 '스텔스기'의 전신이라 할 수 있답니다.

록히드 SR-71
블랙버드

화물기

비행기는 발명된 이래로 언제나 승객뿐 아니라 우편물이나 화물 운반에도 사용되었어요. 그러나 강력한 엔진이 개발되고 항공기의 몸집도 커진 1940년대 후반에 되어서야 군용 수송기 'C-130 허큘리스'나 '안토노프 An-225' 같은 거대한 특수 화물기가 설계되었답니다.

C-130 허큘리스

수직이착륙기 (VTOL)

VTOL은 '수직이착륙'의 약자예요. 수직이착륙기는 활주로가 필요 없기 때문에 주차장, 숲속, 선박 등 어디에서나 이륙과 착륙이 가능하답니다. 최초로 운용된 수직이착륙기는 영국의 군용기 '호커 시들리 해리어 점프 젯(1966년)'이었어요.

해리어 점프 젯

달력

"시간과 계절을 맞추는 도구"

사람들은 고대부터 지구, 태양, 그리고 달을 관찰하며 계절과 시간을 추적해 왔어요. 지구가 스스로 한 바퀴 도는 시간을 '하루'로 계산했고, 달이 지구 주위를 한 바퀴 도는 시간, 즉 29일이 조금 넘는 시간을 '한 달'로 계산했죠. 그리고 지구가 태양 주위를 한 바퀴 도는 시간을 1년(365일이 조금 넘는 시간)으로 계산했답니다. 호주 원주민들은 수만 년 전부터 별의 움직임과 날씨, 그리고 동물과 식물의 이동 경로를 분석해서 계절 달력을 만들어 왔어요. 고대 이집트인(기원전 3100~332년)은 두 가지 달력을 사용했다고 해요. 달의 움직임을 바탕으로 만든 '태음력'은 농사철과 축제를 계획하는 데 사용했고, '상용력'은 세금을 걷고 인구조사 계획을 세우는 데 사용했답니다. 마야인들은 기원전 5세기부터 자신들이 개발한 독특한 달력 체계를 사용했어요. 마야 달력은 각기 다른 역할을 하는 세 개의 달력으로 발전했는데, 세 개가 서로 맞물려 하나의 톱니바퀴처럼 작동했답니다. '하압력'은 농사 계획에 사용하는 달력이었고, '촐킨력'은 종교 행사에 사용되었어요. 우주의 주기를 계산하는 '장기력'은 역사적 사건과 신화적 사건의 연대를 측정하는 데 사용되었답니다.

13개의 숫자

20개의 이름

촐킨력에는 260일이 표기되어 있고, 각 날짜는 13개의 숫자와 20개의 신의 이름을 결합해서 표기했답니다.

율리우스력과 그레고리력

율리우스력은 고대 로마의 지도자 율리우스 카이사르가 기원전 45년에 도입한 달력이에요. 이 달력은 지구가 태양을 한 바퀴 도는 데 걸리는 시간과 거의 비슷한 365.25일을 1년으로 계산한 답니다. 1년을 구성하는 365일에서 남는 0.25일을 소진하기 위해 4년마다 2월에 하루를 추가 해요(이렇게 2월에 하루가 추가되는 해를 '윤년'이라고 해요). 그런데 사실 지구가 태양을 공전 하는 데 걸리는 시간이 정확히는 365.25일보다 약 11분 정도가 짧다는 사실이 나중에야 밝혀 졌어요. 그러니까 1,000년이 지나면 8일의 시간이 남게 되는 것이었지요. 1582년에 도입된 그 레고리력은 100년마다 한 번씩 윤년을 건너뛰는 방식으로 이 문제를 해결했답니다(단, 400의 배수인 해는 빼고요). 오늘날 전 세계에서 가장 널리 사용되는 달력이랍니다.

전지

"전력의 대중화"

전지의 위와 아래에 구리 선을 연결하면
전류가 흘러요.

볼타가 만든 '습전지'는
'볼타 파일'이라고도
불러요.

양극 - 양전하를 띤
전극이에요. 전자는
양극으로부터 흘러요.

바닷물에 적신 판지(전해질)를
사이에 두고
아연판(양극)과
구리판(음극)이 번갈아
놓여 있어요.

전해질 - 전기를
운반하는 물질

음극 - 음전하를 띤
전극. 전자는 음극을
향해 흘러요.

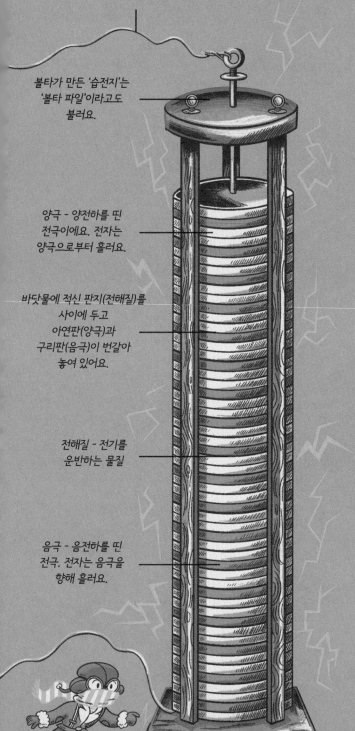

시계 전지처럼 손가락에 올려놓을 정도로 작은 전지가 있는가 하면, 집 전체에 전력을 공급할 정도로 큰 전지도 있답니다. 전지는 전기를 띤 원자, 즉 이온을 화학 에너지 형태로 저장해요. 발전소나 전력망이 생기기 전까지만 해도 전지는 사람들이 전기를 얻을 수 있는 유일한 수단이었어요. 1780년대에 이탈리아의 과학자 루이지 갈바니[Luigi Galvani]는 죽은 개구리 다리에 전기를 흘려보내 움직이는 방식으로 전기의 힘을 증명했어요. 그는 금속으로 개구리 다리를 건드려서 전기를 발생시켰답니다. 이탈리아의 또 다른 과학자 알레산드로 볼타[Alessandro Volta]는 갈바니의 연구를 한 걸음 더 발전시켜 1800년에 최초의 전지를 만들었어요. 볼타가 만든 '습전지'는 전류를 안정적으로 생산하긴 했지만, 수명이 매우 짧았어요. 이후 수십 년간 수많은 과학자들이 다양한 금속과 화학 물질을 조합하여 강력하면서 오래 지속되며, 충전도 가능한 전지를 만들어 냈답니다.

1887년에는 독일과 일본에서 각기 다른 종류의 건전지가 발명되었어요. 건전지는 습전지와 달리 액체가 아닌 반죽을 사용했기 때문에 전기 누출 위험으로부터 안전했어요. 오늘날 가장 많이 사용되는 전지는 알칼리성 전지, 아연 탄소 전지, 납산 전지, 그리고 리튬 이온 전지랍니다. 이러한 전지는 휴대폰과 보청기, 자동차, 가전제품 등 우리가 사용하는 모든 전자제품에 전원을 공급해요.

필수적인 전기

충전이 가능한 리튬 이온 전지는 스마트폰이나 노트북 컴퓨터, 전기 자동차 같은 전자기기를 비롯하여 화성 탐사선에 이르기까지 수많은 곳에 사용되고 있어요. 모로코의 과학자 라시드 야자미[Rachid Yazami]는 전지의 전력, 효율, 그리고 수명을 개선하기 위해 오랜 세월 전지 기술을 연구하고 실험했답니다. 그는 2021년에 기존보다 두 배 빠른 10분 만에 자동차 배터리를 충전하는 신기록을 세우기에 이르렀어요.

심해 잠수복

"심연으로의 모험"

보물을 찾아 난파선을 수색해 보고 싶나요? 해저의 보물에 관심이 많았던 수백 년 전 사람들은 해저의 비밀을 캐낼 수 있도록 안전하게 잠수하는 방법을 찾기 위해 열심히 노력했답니다. 최초의 잠수복 중 하나는 1715년에 프랑스의 귀족 피에르 레미드 보브^{Pierre Rémy de Beauve}가 발명했어요. 가죽으로 만들어진 이 잠수복에는 철제 헬멧과 두 개의 유연한 호스가 연결되어 있었답니다. 호스 중 하나는 주름관으로 펌핑한 신선한 공기를 들이마시는 데 사용하고, 다른 하나는 내쉰 공기를 밖으로 내뿜는 데 사용했어요. 오랜 시간이 지난 1830년대에 독일에서 태어난 영국인 공학자 어거스트 시베^{Augustus Siebe}가 철제 헬멧, 산소 호스, 그리고 무거운 캔버스 수트로 구성된 잠수복을 만들었어요. 이 디자인은 그 후 수십 년간 사용되며 물속에서 하는 구조 활동이나 생산 활동, 그리고 탐사 활동을 안전하게 해 주었답니다. 가장 최근에 만들어진 최첨단 잠수복은 수심 약 300미터까지 잠수할 수 있고, 한번 잠수하면 몇 시간씩 체온을 유지하고 산소를 공급받을 수 있답니다. 그리고 추진기가 달려 있어 쉽게 움직일 수 있어요.

최초의 잠수 기계

자녀들을 부양하기 위해 돈이 필요했던 영국인 존 레스브리지^{John Lethbridge}는 깊은 바다까지 들어갈 수 있는 잠수 기계를 만들어 해저에 묻힌 보물을 찾아 나서기로 결심했어요. 1715년에 그는 방수 처리된 길이 2미터 정도 되는 나무통에 철제 테를 둘러서 잠수 기계를 만들어 정원에 있는 연못에서 실험해 보았어요. 이 잠수 기계에는 작고 동그란 창이 달려있어서 아래를 내려다볼 수 있었고, 팔을 낄 수 있는 두 개의 구멍도 달려 있어서 물건을 집을 수도 있었답니다. 레스브리지의 잠수 기계는 수심 22미터에서까지 잘 작동했고, 그는 난파선의 보물을 끌어올리는 데 이 기계를 유용하게 사용했어요.

구명줄 - 윈치(무거운 물건을 끌어올리거나 끌어당기는 데 사용하는 도구-옮긴이)를 이용해서 다이버를 물밖으로 끌어올려요.

어거스트 시베의 잠수복

헬멧과 무게추 - 다이버가 바다까지 내려갈 수 있도록 도와줘요.

캔버스 소재의 보디 수트 - 가볍고 유연해서 다이버가 팔다리를 움직이고 해저를 걸을 수 있게 해 주어요.

3색 신호등

"길 위의 생명줄"

현대의 신호등은 한 교통사고로부터 만들어졌어요. 1920년대 초, 미국의 흑인 발명가 개럿 모건Garrett Morgan은 어느 날 도로 교차로에서 자동차와 마차가 충돌하는 장면을 보게 되었어요. 참혹한 사고에 충격을 받은 모건은 이런 사고를 막을 수 있는 방법을 찾아보기로 결심했답니다. 그전에도 교통 신호 체계는 오랜 기간 사용되어 왔지만(최초의 신호등은 1868년에 런던에서 처음 등장했어요) 당시의 신호등에는 두 개의 신호, 즉 '정지'와 '진행' 밖에 존재하지 않았답니다. 그래서 '진행' 신호를 보고 너무 빨리 출발한 차량이 아직 횡단 중인 반대편 차량과 충돌하는 경우가 자주 발생했어요. 모건은 이 문제를 해결하기 위해 세 번째 신호를 추가했어요. 그 후 한 차선이 정지하고 다른 차선이 진행하는 동안 모든 방향의 차량이 일시 정지하게 되어 운전자와 보행자 모두 교차로를 좀 더 안전하게 이용할 수 있었답니다. 모건의 신호 체계는 곧 미국 전역에서 사용되기 시작했고, 점차 전 세계로 뻗어나가게 되었어요. 오늘날 신호등에 황색등이 있게 된 건 개럿 모건 덕분이랍니다.

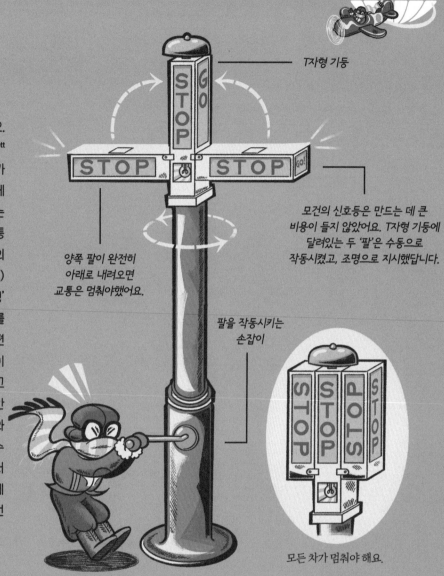

T자형 기둥

모건의 신호등은 만드는 데 큰 비용이 들지 않았어요. T자형 기둥에 달려있는 두 '팔'은 수동으로 작동시켰고, 조명으로 지시했답니다.

양쪽 팔이 완전히 아래로 내려오면 교통은 멈춰야했어요.

팔을 작동시키는 손잡이

모든 차가 멈춰야 해요.

팔이 반만 내려간 모습은 운전자들에게 주의하며 서행하라는 신호예요.

생명을 구하는 발명가

개럿 모건의 부모님은 노예였다가 해방된 흑인이었기 때문에 그는 평생 불이익과 인종 차별에 시달렸어요. 1914년에 그는 초기 형태의 방독면을 발명했지만, 그는 흑인이 발명한 방독면은 아무도 사지 않을 거라고 생각했어요. 그래서 시연회를 열 때마다 백인 배우를 고용해서 그가 자신인 척 연기하게 했어요. 1916년에 모건은 자신이 만든 방독면을 쓰고 무너진 터널에 갇힌 8명의 근로자를 직접 구출하기도 했답니다. 그는 많은 훌륭한 일을 했는데도 흑인이라는 이유로 생전에 영웅 대접을 받지 못했어요. 그렇지만 현재에는 많은 생명을 구한 뛰어난 발명가로 존경받고 있답니다.

아이스크림

"꿈같은 얼음 디저트"

세계에서 가장 인기 있는 아이스크림 맛은 바닐라예요. 바닐라를 만드는 데 사용하는 바닐라빈은 대부분 마다가스카르와 인도네시아에서 재배된답니다.

시원하게 얼린 달콤한 디저트에 대한 인류의 사랑은 오래전으로 거슬러 올라가요. 기원전 200년경에 고대 중국인들은 차가운 눈에 우유와 찹쌀을 섞어 아이스크림처럼 만들어 먹었답니다. 고대 이집트, 로마, 그리스, 그리고 인도 사람들도 눈과 얼음에 과일이나 향료를 섞어 아이스크림을 만들어 먹었다고 해요. 13세기 무렵에는 아마도 중동 지역에서 얼음과 소금의 혼합물을 크림에 둘러 놓으면 (접촉하지 않은 상태로) 언다는 사실이 발견되었답니다. 얼음은 0°C에서 녹기 때문에 아이스크림을 얼리려면 더 낮은 온도가 필요했어요. 그런데 얼음에 소금을 섞으면 어는점이 낮아져서 크림이 걸쭉하게 얼기 시작했던 것이죠. 이런 방법을 알게 되자 아이스크림 만들기는 한결 쉬워졌답니다! 이 방법은 유럽 전역으로 퍼졌고, 특히 이탈리아와 프랑스에서 인기를 끌게 되었어요. 18세기에 이르자 전에는 부자들만 즐기는 사치품이었던 아이스크림의 가격이 낮아지고 맛도 더 다양해졌답니다. 초콜릿, 파인애플, 피스타치오뿐 아니라 밤이나 자스민처럼 특이한 맛의 아이스크림을 즐기는 사람들도 생겨났어요.

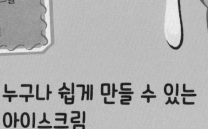

영국 왕 찰스 1세(1600-1649)는 자신이 즐겨먹던 아이스크림 레시피를 비밀에 부쳐주는 조건으로 자신의 요리사에게 연간 500파운드를 지불했다고 해요. 그렇게 해서라도 아이스크림을 혼자만 먹고 싶었던 거죠!

누구나 쉽게 만들 수 있는 아이스크림

아이스크림을 만들기 위해 크림, 설탕, 향료를 손으로 저어 주는 작업은 시간이 아주 오래 걸리는 힘든 작업이었어요. 그런데 1843년에 미국의 발명가 낸시 존슨Nancy Johnson이 이 작업을 한결 수월하게 해 주는 가정용 아이스크림 제조기를 발명했답니다. 외부 통에는 얼음과 소금을 넣고, 내부 금속 실린더에는 아이스크림 재료를 넣었어요. 그리고 교반기 손잡이를 손으로 돌려 재료를 섞는 방식으로 아이스크림을 만들었답니다. 예전에는 몇 시간씩 걸리던 작업이 30분 정도밖에 걸리지 않게 됐어요. 존슨의 발명으로 아이스크림 생산이 쉬워지자 가격도 저렴해지고, 더 많은 사람들이 아이스크림을 먹을 수 있게 되었어요. 전기를 사용하는 최신 아이스크림 제조기는 재료를 자동으로 저어 주고 얼려 주기 때문에 훨씬 편리해졌답니다.

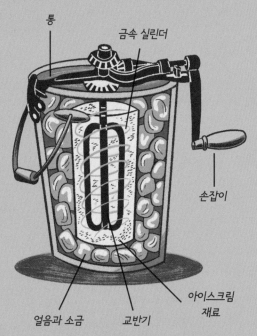

통

금속 실린더

손잡이

얼음과 소금

교반기

아이스크림 재료

자전거

"두 개의 바퀴 위에 자유가"

최초로 만들어진 자전거는 불편하고, 느리고, 비웃음을 샀다는 사실을 알고 있었나요? 사람들은 자전거가 너무 위험해 보인다고 생각했어요. 그럴 만도 했던 게, 최초의 자전거 '라우프마쉬네(독일어로 '달리는 기계')'에는 페달이 없었거든요. 1800년대 초에 독일의 카를 폰 드라이스^{Karl von Drais}가 나무로 만든 이 자전거는 말이 없는 사람들도 빠르게 이동할 수 있도록 만든 최초의 '조종 가능한 인간 동력 이륜차량'이었답니다. 곧 다른 디자인의 자전거들이 발명되었지만 대부분 가격이 너무 비쌌어요. 자전거의 전성기는 1890년에 값싸고 대량 생산 가능한 '안전 자전거'가 개발되고 나서야 시작되었어요. 누구나 두 다리만 있으면 원하는 곳으로 언제든지 갈 수 있는 시대가 열린 것이었죠.

앞바퀴에 있는 브레이크는 핸들에 있는 레버로 작동시켜요. 이를 통해 안전하게 속도를 줄일 수 있답니다.

안전 자전거는 가볍고 튼튼한 삼각형 프레임으로 만들어졌어요. 이 프레임 모양은 현재의 자전거에도 그대로 사용되고 있답니다.

같은 크기의 바퀴로 만들어진 자전거는 라이더가 발로 땅을 짚을 수 있어서 높이가 높은 '페니파딩(큰 앞바퀴에 매우 작은 뒷바퀴가 달린 자전거—옮긴이)' 보다 훨씬 안전했어요.

체인은 페달을 뒷바퀴로 연결해줘요.

위험천만한 자전거 '페니파딩'

스릴을 즐긴다면 페니파딩을 타 보세요. 안전 자전거보다 앞선 1871년에 발명된 페니파딩('하이휠 자전거'라고도 불려요)은 대량 생산이 가능한 최초의 자전거였어요. 라이더는 가죽으로 만든 높은 안장 위에 아슬아슬하게 올라타 커다란 앞바퀴에 바로 연결된 페달(톱니바퀴나 체인이 없는 '직접 구동' 체계)을 밟으면서 균형을 유지하고 핸들로 방향을 조절해야 했어요. 페이파딩을 타다가 라이더들이 중심을 잃고 고꾸라지는 바람에 땅으로 머리부터 떨어져 심각한 부상을 입는 일이 흔했답니다.

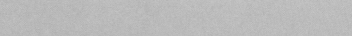

증기 기관차

"석탄으로 달리는 금속 기계"

증기 기관차가 등장하기 전에는 화물을 운송하는 데 오랜 시간이 걸렸어요. 동물이 끄는 마차가 흙길을 달려 물건을 실어 날라야 했으니까요. 배가 다닐 수 있는 운하는 기원전 6세기경에 중국에서 처음 만들어졌고, 12세기 후반에는 유럽에도 건설되었답니다. 다른 지역으로 이동하려면 며칠, 심지어는 몇 주씩이나 걸렸기 때문에 대부분의 사람들은 고향에서 멀리까지 여행하는 일이 거의 없었어요. 그러나 1800년대 초에 이 모든 것이 바뀌게 되었답니다. 다리가 건설되고, 육지 곳곳에 터널과 절개지(도로를 내거나 시설물을 건축하기 위하여 산을 깎아 놓아 비탈진 곳-옮긴이)가 생겨났어요. 철로가 깔리고 그 위로 지금까지 보지 못한 새로운 차량이 천둥소리를 내며 엄청나게 빠른 속도로 지나가기 시작했답니다. 석탄을 연소시켜 달리는 증기 기관차가 전례 없이 빠른 속도로 사람과 화물을 실어 나르는 시대가 열린 거예요.

증기 기관의 진화

몇백 년 동안 수많은 발명가들이 수증기가 만들어 내는 동력을 활용해 보려 노력했지만, 정교하게 설계된 금속 탱크와 파이프, 그리고 피스톤을 만들 수 있게 된 18세기가 되어서야 그것을 가능하게 해 줄 증기 기관이 발명되었어요. 증기 기관은 공장부터 선박, 기차에 이르기까지 다양한 곳에 동력을 공급할 수 있었답니다. 최초로 만들어진 증기 기관차는 작고 이상하게 생긴 데다가 성능도 불안정했어요. 그렇지만 수십 년 동안 여러 공학자가 설계의 개선을 거듭한 끝에 증기 기관차는 더 크고, 더 빠르고, 더 안전해졌답니다.

석탄을 태운 연기가 화실에서 분출돼요.

보일러에서 나오는 증기가 엔진을 구동시켜요.

A4형 급행열차 '말라드'는 세계에서 가장 빠른 증기 기관차 기록을 보유하고 있어요. 1938년 7월에 말라드는 영국 그랜덤에서 피터버러 사이 구간을 시속 126킬로미터로 달렸답니다.

N°.4468
CLASS

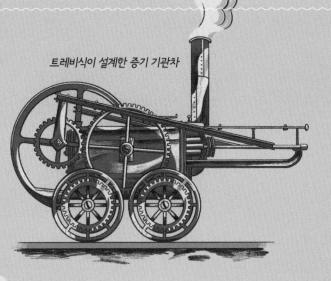

트레비식이 설계한 증기 기관차

증기 기관차의 선구자

영국의 공학자 리처드 트레비식$^{Richard Trevithick}$이 철도 위를 달리는 최초의 증기 기관차를 발명했어요. 1804년 웨일스의 페니다렌 마을에서 10톤의 철과 70명의 사람들을 태우고 출발한 그의 증기 기관차는 16킬로미터를 이동하는 데 4시간이 걸렸답니다. 트레비식의 성공이 소문으로 퍼지면서 더 좋은 증기 기관차를 만들기 위한 치열한 경쟁이 시작됐어요. 그로부터 25년이 지난 후, 공학자인 로버트 스티븐슨$^{Robert Stephenson}$이 설계한 빠르고 안정적인 증기 기관차 '로켓(평균 속도: 시속 약 20킬로미터)'이 최초로 실용화되며 세상을 놀라게 했어요. 그가 설계한 로켓은 이후 150년에 걸쳐 대부분의 증기 기관차의 본보기가 되었답니다.

불의 열기가 보일러의 물을 끓여요.

대부분의 증기 기관차는 열차를 운전하는 '기관사'와 화실에서 석탄 공급을 확인하는 '화부'로 구성된 2인 승무원 체계로 운행되었어요.

철도 신호기가 기관사에게 철로을 따라 계속 주행해도 되는지 알려줘요. 팔이 수평으로 되어 있으면 정지하라는 뜻이랍니다.

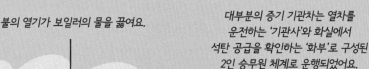

LNER

내가 원조 맥코이

증기 기관의 부품이 잘 작동하려면 정기적으로 기름칠을 해 주는데, 이는 무척 힘든 작업이었답니다. 그런데 미국의 한 흑인 공학자가 해결책을 개발했어요. 열다섯 살에 스코틀랜드로 건너가 기계 공학을 공부한 일라이저 멕코이$^{Elijah McCoy}$는 미국으로 돌아왔지만 인종차별에 부딪혀 직업을 구하는 데 어려움을 겪다가 결국 철도회사에 취직하게 되었어요. 1872년에 그는 주행 중 엔진에 윤활유를 자동적으로 분배하는 '자동 윤활 컵'을 개발했는데, 이 윤활기는 잘 작동했을 뿐 아니라 열차가 기름칠을 하기 위해 주행을 멈추는 것을 필요없게 만들어 주었답니다. 그가 만든 윤활기는 매우 신뢰할 수 있었기 때문에 '원조 맥코이('원조이자 최고'라는 뜻)'라는 관용어까지 생겨났다고 해요.

바퀴

"세상을 돌아가게 하는 혁신적인 디자인"

바퀴 없는 세상을 상상할 수 있나요? 썰매와 배를 제외하면 바퀴 없이는 수레, 자동차, 자전거, 버스, 트럭, 기차, 전차, 비행기 등의 탈 것이 존재할 수 없었을 거예요. 최초의 바퀴 달린 이동 수단은 단단한 나무 바퀴를 이용한 동물이 끄는 수레였어요. 수레는 기원전 3500년경에 메소포타미아에서 처음 발명되었는데, 수평식 물레 돌림판이 발명된 지 수백 년이 지난 후였답니다. 이 수레는 시장으로 물건을 운반하거나 건축에 필요한 돌이나 목재 같은 무거운 짐을 운반하는 데 사용된 것으로 추측돼요. 그다음에는 말이 끄는 전차가 등장했어요. 기원전 2000년경에 사용되던 전차 바퀴는 수레바퀴처럼 단단하게 만들기보다는 바퀴살을 달아 더 빠르면서도 가볍게 만들었답니다.

바퀴는 인류가 만든 가장 단순한 발명품 중 하나이지만 세상을 완전히 바꾸어 놓았어요.

초창기 발명품은 자연계에 이미 존재하는 물건을 모방하며 만들어졌어요. 그렇지만 자신의 몸을 둥글게 말아 이동하는 몇몇 동물을 제외하면 자연계에서 바퀴는 찾아볼 수 없답니다.

고대 로마인들은 전차 경주를 스포츠로 즐겼어요.

전차는 두 마리 이상의 말이 한 팀이 되어 끌었어요.

로마 전차에는 나무 바퀴가 달려있었답니다.

도자기 물레

최초의 바퀴는 도기를 만드는 데 사용되었어요. 인류는 2만여 년 전부터 도기를 만들었답니다. 도공들은 본래 손으로 흙을 빚어 도기의 모양을 잡았지만 그건 시간이 너무 오래 걸리는 일이었어요. 그래서 기원전 3500년경에 메소포타미아인들은 더 나은 방법을 만들어 냈답니다. '축'이라고 하는 막대기에 위에 얹어 균형을 잡는 커다란 돌 또는 나무 원반을 물레라고 해요. 도공은 물레에 점토를 올린 후 돌리는 방법으로 빠르게 도기 모양을 잡을 수 있었어요. 이런 물레가 운송수단에 필요한 바퀴의 발명으로 이어진 것으로 추정되고 있답니다.

인터넷

"손끝에 펼쳐지는 세상"

전 세계 수십억 대의 컴퓨터를 연결하는 네트워크인 인터넷의 발명은 미국의 집중적인 노력으로 이루어졌습니다. 최초의 컴퓨터 연결은 1969년에 실행되었지만, 과학자들이 인터넷을 처음 개발하기 시작한 것은 '냉전 시대(1947-1991년)'가 한창 진행 중이었던 1960년대 초였어요. 당시는 소련과 미국 간의 적대감이 나날이 고조되고 있었고 컴퓨터도 방 한 칸 크기였답니다. 미국 정부는 적의 공격을 받아도 하루아침에 붕괴되지 않을 안전한 통신 시스템을 원했기 때문에 서로 다른 위치에 있는 여러 대의 컴퓨터를 연결한 '아파넷 ARPANET'을 개발했어요. 1969년에 전송된 첫 번째 메시지는 '로그인LOGIN'이었으나 알파벳 'O'까지만 전송된 후 네트워크가 다운되고 말았답니다. 같은 해 말에 드디어 네 대의 컴퓨터가 아파넷에 연결되었어요. 이후 1970년대부터 아파넷은 글로벌 인터넷으로 성장했답니다.

오늘날 우리는 인터넷을 통해 클릭 한 번이면 정보, 상품, 엔터테인먼트 등 원하는 것은 무엇이든 얻을 수 있는 세상에 살게 되었어요. SNS를 통해 전 세계 사람들과 소통할 수도 있게 되었죠. 이제 우리는 온라인으로 영화 감상, TV 보기, 음악 감상, 비디오 게임뿐 아니라 은행 업무도 할 수 있답니다.

월드 와이드 웹

월드 와이드 웹(WWW)은 인터넷으로 통하는 관문이에요. WWW는 여러 웹 페이지로 만들어진 웹 사이트들로 구성되어 있답니다. 이러한 웹 사이트는 '크롬'이나 '사파리' 같은 웹브라우저를 통해 접속할 수 있어요. 웹 사이트마다 URL이라고 하는 고유한 주소가 있고, '구글'이나 '빙' 같은 검색 엔진을 사용하여 찾을 수 있답니다. WWW는 1989년에 영국의 컴퓨터 공학자 팀 버너스리Tim Berners-Lee가 스위스의 과학 연구소 CERN(유럽의 입자물리학 연구소-옮긴이)에서 근무하던 중에 발명했어요. WWW 덕분에 이제는 과학자나 전문가뿐 아니라 누구나 손쉽게 인터넷을 이용할 수 있게 되었답니다.

통조림 "음식을 신선하게 오랫동안 보관하기"

통조림이 발명되기 전에는 음식물을 오랜 기간 신선한 상태로 보관하기 어려웠어요. 차가운 온도를 유지할 방법이 없는 바다에서는 더욱 어려웠답니다. 18세기에 여행을 하려면 몇 달 동안이나 배를 타야 했어요. 1800년대 초에 프랑스의 니콜라 아페르Nicola Appert가 '병조림'이라고 불리는 식품 보존 방법을 처음 발명했어요. 아페르는 유리병에 고기나 수프 같은 음식을 넣고 밀봉한 후 병째로 물에 끓였답니다. 이런 방식으로 음식을 몇 달 동안이나 상하지 않게 보존할 수 있었지만 아페르도 그 원리는 잘 몰랐다고 해요(음식이 상하지 않은 이유는 끓이는 과정에서 박테리아가 죽었기 때문이에요). 1810년에는 영국의 상인 피터 듀란드Peter Durand가 아페르의 방식을 응용하여 만들기 쉬우면서도 잘 깨지지 않는 깡통 통조림을 개발해 특허를 냈어요. 그 이후로 선원과 탐험가들은 길을 떠날 때 몇 년 동안이나 보존할 수 있게 되었고, 일반 사람들도 영양가 있으면서도 값싼 음식을 빨리 준비할 수 있게 되었어요.

1850년대에 통조림 따개가 발명되기 전에는 망치나 정, 칼을 사용하여 캔을 따야 했어요.

성냥 "휴대용 불쏘시개"

성냥개비

점화 마찰면

예전부터 불을 통제할 수 있다는 건 엄청난 능력이었답니다. 인류는 적어도 80만 년 동안 불을 사용하여 빛과 열을 얻고, 요리하고, 사나운 짐승을 물리쳐 왔어요. 그렇지만 간단하게 불을 피울 수 있는 방법은 1826년에 이르러서야 우연한 사건을 계기로 발명되었답니다. 영국의 화학자 존 워커John Walker는 어느 날 실험을 하던 중 실수로 유황을 비롯한 가연성 화학 물질이 묻은 나무판자를 난로에 긁었는 데, 그 순간 나무에 불꽃이 피는 것을 보고 깜짝 놀라게 되었어요. 이런 계기로 발명하게 된 최초의 성냥을 '마찰 성냥'이라 불렀답니다.

1831년에는 프랑스의 화학자 샤를 소리아Charles Sauria가 성냥촉에 백린 또는 황린을 묻혀서 불이 더 쉽게 붙도록 만들었어요.

안전성냥은 성냥촉이 아닌 마찰면에 가연성이 있는 적린이 함유되어 있어 마찰면 외에는 어디를 긁어도 불이 붙지 않아요.

백린 성냥은 결국 1910년 영국에서 사용이 금지되었어요. 백린 연기가 성냥 공장 노동자의 턱뼈를 괴사시키는 '인악'이라는 끔찍한 질병을 유발했기 때문이에요.

성냥촉

글

"인류가 지식을 기록하고 공유하는 방법"

글이 없었다면 이 책도 존재하지 않았을 거예요! 글은 음성으로 말한 언어를 문자, 기호, 또는 그림의 조합으로 기록하고 보존한 것이에요. 글을 통해 우리는 역사, 이야기, 생각, 아이디어를 기록할 수 있고, 글을 읽을 수 있는 사람이라면 누구나 그 내용을 복사하고 공유할 수 있답니다. 글자는 여러 고대 문명에서 독자적으로 발명되었어요. 약 5,500년 전 메소포타미아인들은 스틸루스(판에 글을 새길 수 있도록 고안한 뾰족한 필기구-옮긴이)를 사용해서 점토판에 쐐기 문자를 새겨 넣었어요. 이런 유형의 글자를 '설형문자'라고 하는 데 이는 쐐기 모양이라는 뜻이에요. 고대 이집트인들은 기원전 3200년부터 상형 문자(그림을 이용한 문자 체계)로 글을 썼으며, 물감과 조각 도구를 사용해서 석판과 신전 벽, 그리고 파피루스(식물로 만든 종이)에 자신들의 일상생활을 기록했어요. 기원전 1200년경부터 사용된 고대 중국 문자는 수천 개의 그림 기호를 사용했답니다. 기원전 400년경부터 메소아메리카(지금의 멕시코와 중앙아메리카)에 살았던 사람들은 상형문자와 기호를 조합하여 단어를 표현했어요.

호주 원주민, 아메리카 원주민, 서아프리카 부족 등 많은 문화권의 사람들은 수세기 동안 글에 의존하지 않고 구전으로만 정보, 역사, 전통, 법률, 이야기를 전승해 왔답니다.

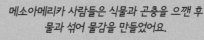
메소아메리카 사람들은 식물과 곤충을 으깬 후 물과 섞어 물감을 만들었어요.

글을 통해 과거를 엿보다

고고학자들의 연구 덕분에 우리는 수천 년 전 사람들의 글도 읽을 수 있게 되었어요. 기원전 2000년에 아카드어로 쓰인 메소포타미아의 '길가메시 서사시'는 기록된 상태로 발견된 이야기 중 가장 오래된 것이랍니다. 이 서사시에는 왕들, 신들, 여신들, 그리고 낯선 땅으로 떠나는 모험에 관한 이야기가 담겨 있어요. 고대 이집트의 로제타석은 고대 그리스 문자, 이집트 민중 문자, 그리고 이집트 상형 문자로 쓰인 칙령이 적힌 커다란 석판이랍니다. 이집트의 사제들이 프톨레마이오스 5세(기원전 204~181년)를 지지한다는 내용이 적혀 있었어요.

현미경

"보이지 않는 세계 드러내기"

현미경을 들여다보면 그전까지는 보이지 않았던 미세한 세계가 눈앞에 펼쳐져요. 광학 현미경(여러분이 학교에서 과학 시간에 사용했던 바로 그 현미경이에요)은 1600년경 네덜란드의 안경 제조사 자하리아스 얀센Zacharias Janssen이 처음 발명한 것으로 알려져 있어요. 그는 두 개의 망원경을 겹쳐서 물체를 보면 약 9배나 더 크게 보인다는 사실을 발견했습니다. 이는 무척 놀라운 발견이었지만 안타깝게도 그가 만든 렌즈는 물체를 선명하게 볼 수 있을 만큼 매끄럽지는 않았어요. 1660년대에 네덜란드의 과학자 안토니 판 레이우엔훅Antonie van Leeuwenhoek은 물체를 최대 270배까지 확대해서 볼 수 있는 렌즈를 개발했어요. 그의 발명은 과학의 새로운 시대를 열었답니다. 1665년에는 영국의 과학자 로버트 후크Robert Hooke가 현미경을 사용해서 벼룩, 이, 식물 등을 관찰한 후 이를 자세하게 그린 그림을 담긴 책 '마이크로그라피아 Micrographia'를 펴냈어요. 많은 과학자들은 현미경으로 자연계를 관찰할 뿐 아니라 박테리아나 세균 퇴치를 위한 소독제, 항생제, 백신 등을 연구했어요. 이처럼 현미경을 통해 인류는 셀 수 없을 만큼 많은 질병을 퇴치하고, 생명을 구할 수 있었답니다.

접안렌즈

벼룩의 모습을 확대한 이미지

후크의 현미경

불꽃

물

기름

유리 렌즈

표본

안토니 판 레이우엔훅은 연못의 물 안에 들어 있는 원생동물, 박테리아, 혈액 세포 등을 인류 역사상 최초로 관찰한 과학자였답니다.

기름이 심지를 태우면서 불꽃이 일어요. 불꽃으로 부터 발생한 빛이 물을 통과하면서 모아지고, 유리 렌즈를 통과하면서 다시 모아져요. 그리고 이 빛이 표본을 비추면서 현미경을 통해 볼 수 있도록 해 준답니다.

적혈구의 모습을 확대한 이미지

작게, 더 작게

광학 현미경도 대단하지만 전자 현미경은 더 대단하답니다. 1931년에 발명된 최초의 전자 현미경은 물체의 모습을 최대 400배까지 확대해서 볼 수 있어요. 전자 현미경은 빛 대신에 전자빔을 사용하고 전자석을 이용해서 초점을 맞춰요. 물체의 이미지를 스크린에 투사하여 이를 더 확대해서 관찰할 수도 있답니다. 가장 최근에 나온 최첨단 현미경으로는 물체를 최대 1억 배까지 확대할 수 있다고 해요.

인공 심장

"생명을 살리는 기계"

심장은 우리 몸의 생명 활동에 필요한 엔진 역할을 해요. 매일 약 10만 번씩 뛰는 심장은 혈액을 통해 우리의 뇌, 장기, 근육에 산소를 공급하고 이산화탄소를 제거해 준답니다. 심장이 멈추면 빨리 다시 뛰게 하지 않는 한 보통 사망에 이르게 돼요. 그래서 똑똑한 발명가들은 인공 심장을 개발했답니다. 인공으로 혈액 펌프 장치를 만들어 심각한 심장 질환을 앓고 있는 사람들이 심장 이식을 기다리는 동안 생명을 유지할 수 있도록 한 것이죠. 초창기에 만든 실험용 인공 심장은 동물의 몸에 이식되었답니다. 1969년에 아르헨티나의 외과 의사 도밍고 리오타Domingo Liotta가 만든 인공 심장이 처음으로 사람에게 이식되었고 움직이기 시작했어요! 안타깝게도 이 환자는 진짜 심장을 이식받은 직후 사망하고 말았지만 인공 심장이 단기간 동안 환자의 생명을 연장시킬 수 있다는 사실이 증명되었답니다.

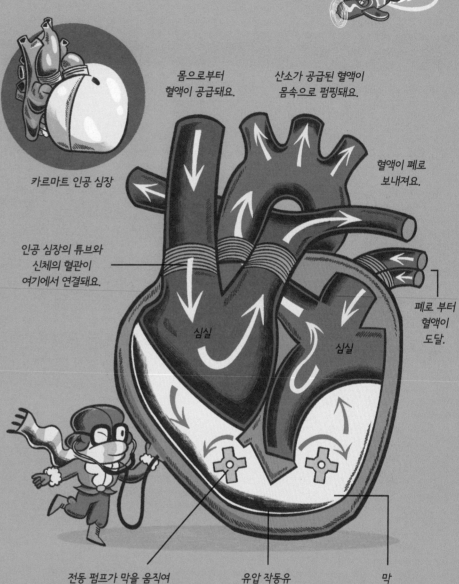

카르마트 인공 심장

몸으로부터 혈액이 공급돼요.

산소가 공급된 혈액이 몸속으로 펌핑돼요.

혈액이 폐로 보내져요.

인공 심장의 튜브와 신체의 혈관이 여기에서 연결돼요.

폐로 부터 혈액이 도달.

심실

심실

전동 펌프가 막을 움직여 혈액을 순환시켜요.

유압 작동유

막

최초의 인공 심장은 1937년에 러시아 과학자 블라디미르 데미코프Vladimir Demikhov가 발명했어요. 그는 개에게 이 인공 심장을 이식했답니다.

심장박동의 혁신

1982년에 자빅-7이라는 이름의 인공 심장이 치과의사 바니 클락Barney Clark에게 이식 되었어요. 이 심장을 설계한 과학자 로버트 자빅Robert Jarvik(미국인)과 빌렘 콜프Willem Kolff(네덜란드인)는 진짜 심장을 기증받을 때까지만 사용할 용도가 아니라 영구적 으로 심장을 대체할 목적으로 이 장치를 개발했답니다. 일곱 시간의 수술 끝에 클 라크의 가슴 속에는 인공 심장이 뛰게 되었고, 그는 112일 동안 생명을 유지할 수 있었답니다. 그다음으로 이 자빅-7을 이식받은 환자는 놀랍게도 620일 동안이나 생존할 수 있었어요. 그러나 최첨단 인공심장도 환자를 무한하게 생존시키지는 못했 어요. 인공심장은 진짜 심장을 이식받을 수 있을 때까지만 임시적으로 사용되고 있어요.

사진기 "자, 찍읍시다. 김치!"

사진은 순식간에 찍을 수 있지만, 사진기가 발명되기까지는 수십 년이 걸렸답니다. 사진기가 발명되기 이전에는 '카메라 옵스큐라'(라틴어로 '어두운 방'이라는 뜻-옮긴이)가 있었어요. 기원전 400년경에 중국에서 처음 발명된 카메라 옵스큐라는 어두운 방 한쪽 벽에 구멍을 뚫고, 그 구멍으로 들어오는 빛을 통해 반대편 벽에 거꾸로 된 외부 세계의 상을 맞히게 하는 방식이었어요. 1826년에는 프랑스의 발명가 조셉 니세포르 니엡스 Joseph Nicéphore Niépce가 빛에 민감한 금속판을 내부에 장착한 휴대용 카메라 옵스큐라를 사용하여 세계 최초로 사진 촬영에 성공했어요. 그가 찍은 사진은 옥상에서 보이는 풍경의 흐릿한 모습이었답니다. (이런 사진 촬영을 가능하게 한 빛에 반응하는 화학 물질에 대한 지식은 사진기가 만들어지기 오래 전부터 이미 알려져 있었어요). 니엡스의 연구를 바탕으로 프랑스인 루이 다게르 Louis Daguerre는 촬영 시간을 크게 단축시켜 몇 시간이 아닌 몇 분 만에 더 선명한 사진을 만드는 방법을 발견했어요. 그는 소금 용액과 수은을 사용해서 빛에 민감한 금속판에 이미지를 '정착'시켰답니다. 그가 개발한 '다게레오타입' 사진기는 1839년에 대중에게 판매되기 시작했고, 경제적인 여력이 되는 사람이라면 누구든지 소중한 순간들을 사진에 담을 수 있는 기적 같은 능력을 갖게 되었어요.

빛에 민감하고 은으로 도금한 구리판을 사진기 안에 삽입해요. 그리고 가열된 수은 증기를 사용해서 사진을 현상해요.

렌즈 뚜껑을 제거하여 카메라 안으로 빛이 들어오게 해요.

다게레오타입 사진기

세계 최초의 인물 사진은 1838년에 루이 다게르가 찍은 사진으로 알려져 있어요. 사진에는 파리의 한 거리에서 구두를 닦는 남자의 모습이 담겨 있답니다.

렌즈

사진기가 발명된 후 미술 화가들은 사실적인 작품보다는 추상적이고 초현실적인 화법의 그림을 그리기 시작했어요.

폴라로이드 카메라

완벽한 현상

1840년경부터는 실용성이 떨어지는 금속판 대신 종이에 사진을 인화할 수 있게 되었어요. 원본 필름에 저장해 둔 사진은 몇 번이고 인화할 수 있었답니다. 최초로 누구나 쉽게 사용할 수 있고 값도 저렴한 사진 기를 출시한 '코닥(1888년)'과 '브라우니(1900년)'는 카메라 안에 들어가는 롤필름을 사용했어요. 이를 통해 사람들은 더 빠르고 저렴하게 많은 사진을 찍을 수 있게 되었고, 카메라의 휴대성도 높아져서 많은 사람들이 사진 예술을 시도할 수 있게 되었답니다. 그다음에는 사진을 찍자마자 즉석으로 현상과 인화까지 할 수 있는 폴라로이드 카메라가 등장했어요. 그리고 20세기 말에는 디지털 카메라가 발명되었답니다. 이제는 필름 대신 메모리카드에 사진과 동영상을 기록할 수 있게 됐지요.

고속 철도

"고속 열차가 전 세계로"

1960년대는 철도의 황금기가 지나간 지 오래된 후였어요. 사람들은 빠른 속도를 자랑하는 자동차(50 페이지 참조)나 항공기(84페이지 참조)에 비해 기차는 너무 느리고 불편하다고 생각하던 참이었답니다. 그런데 1964년에 일본 정부가 세계 최초로 고속 열차(HST)를 만들기로 결정하면서 철도 역사에 혁신이 시작되었어요. 이는 실로 엄청난 도전이었답니다. 도쿄와 오사카 사이에 500킬로미터가 넘는 선로를 깔아야 했고, 초고속으로 달리는 전기 열차도 발명해야 했답니다. 시속 220킬로미터로 달리는 이 열차는 '새로운 간선'이라는 뜻의 '신칸센'이라고 불렸지만, 탄환(총알) 열차라는 이름으로 더 잘 알려져 있답니다. 1964년에 처음 개통된 신칸센은 즉각적인 성공을 거두었어요. 그 이후로 신칸센은 무려 100억 명의 승객을 수송했답니다. 현재에는 전 세계 곳곳에 고속철로가 깔려있고, 그 속도도 계속 빨라지고 있어요. 2007년에는 프랑스의 TGV가 시속 575킬로미터에 육박하는 속도로 운행하면서 세계 최고 열차 속도 기록을 바꿔 놓았답니다.

놀랍게도 도쿄와 오사카 사이에 고속철로가 깔리고 신칸센 고속 열차가 개발되어 완공되기까지 걸린 시간은 5년밖에 되지 않았답니다. 그리고 이 열차는 개통 첫날부터 완벽하게 운행됐어요.

신칸센 열차는 연착되는 일이 거의 없으며, 연착되더라도 1분 내외에 불과해요.

같은 극끼리 서로 밀어내면서 열차를 앞으로 밀어내요.

N S
S N
S N

반대 극끼리 서로 밀착하면서 열차를 앞으로 잡아당겨요.

놀라운 자기 부상 열차

고속 철도보다 더 빠른 열차가 있답니다. 그건 바로 자기 부상 열차예요. 자기 부상 열차는 전자석에서 생성되는 전자기력을 이용해서 궤도와 열차 사이를 최대 10센티미터까지 띄우고 달린답니다. 즉, 선로 위를 달리는 열차와는 달리 속도를 늦추거나 진동을 느끼게 하는 마찰이 없지요. 자기 부상 열차가 최고 속도에 도달하면 승객들은 전 세계 어느 열차보다도 빠른 속도로 이동하면서도 흔들림 없이 편안한 여행을 즐길 수 있답니다. 일본에서 실험용으로 개발한 LO시리즈 자기 부상 열차는 철도 차량으로는 처음으로 시속 603킬로미터라는 육상 속도 기록을 세우기도 했어요.

컴퓨터

"필수가 되어 버린 프로그래밍 기계"

다양한 기능을 수행하도록 프로그래밍할 수 있는 디지털 전자 기기인 컴퓨터는 현대의 발명품이지만, 인류는 이미 4,000년 전부터 수학적 계산을 위한 기계를 사용해 왔어요. 컴퓨터 발명 역사의 이정표가 된 몇 가지 기구와 기계를 소개할게요.

주판

초기 기구들

틀에 끼워 움직이는 구슬을 사용하는 주판은 가장 오래된 계산기로 기원전 2700~2300년경 메소포타미아에서 처음 사용되었고, 이후 고대 그리스, 인도, 중국, 이탈리아에서도 사용되었어요. 이후 계산기는 점점 더 복잡해지고 더 어려운 계산까지 할 수 있도록 발전했답니다. 1642 경에 프랑스의 수학자 블레즈 파스칼Blaise Pascal은 다이얼을 돌리면 덧셈과 뺄셈을 할 수 있는 기계식 계산기 '파스칼라인'을 발명했어요. 1830년대에는 영국의 발명가 찰스 배비지Charles Babbage가 세계 최초로 프로그래밍이 가능한 기계식 계산기 '해석기관'을 설계하면서(하지만 실제로 제작하지는 못했답니다) 큰 진전을 이루었답니다. 놀랍게도 이 기계에는 중앙 처리 장치(CPU)처럼 작동하는 톱니바퀴와 메모리처럼 작동하는 저장소 등 현대 컴퓨터의 필수적인 구성 요소가 이미 포함되어 있었어요.

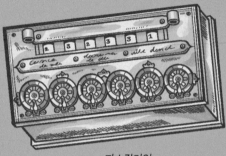

파스칼라인

최초의 컴퓨터 프로그램은 1843년에 영국의 수학자 에이다 러브레이스Ada Lovelace가 배비지의 해석기관을 이용해 작성한 것이에요. 그녀는 그 외에도 미래의 컴퓨터는 단순한 숫자 계산 이상의 일을 할 것이라고 예견했는 데, 이는 베비지조차도 예측하지 못한 것이었답니다.

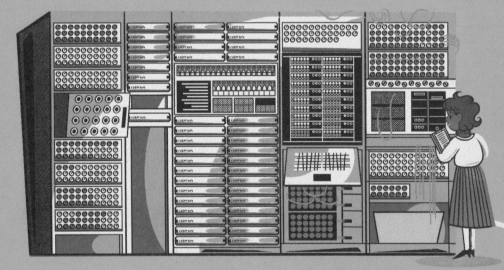

콜로서스

1세대 컴퓨터

현대의 모습과 같은 컴퓨터로의 발전은 20세기 전반에 시작되었어요. 컴퓨터가 개발된 이유는 부분적으로는 2차 세계대전(1939~45년) 중 적군의 암호를 해독해야 하는 필요성 때문이었답니다. 기존의 기계식 컴퓨터는 기계와 전자 프로세스를 사용해서 계산을 하는 전자기계식 컴퓨터로 대체되었어요. 1세대 컴퓨터는 무척 크고 시끄러운 기계였지만 인간 두뇌보다 몇 배 더 빠르고 정확하게 1초당 수천 번의 계산을 수행할 수 있었어요(그렇지만 현대의 컴퓨터 보다는 훨씬 느렸답니다). 2차 세계대전 중 연합군은 적의 암호와 일급 기밀 메시지를 해독하기 위한 (폴란드의 초기 컴퓨터인 '봄바'를 기반으로 한) '봄브', '콜로서스' 등의 컴퓨터를 개발했어요.

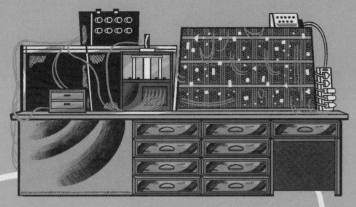

하웰 카뎃

2세대 컴퓨터

1950년대 후반에 등장한 완전 전자식 2세대 컴퓨터는 트랜지스터의 발명 덕분에 더 이상 방 하나를 다 차지할 정도로 크지 않았고, 성능도 더욱 강력해 졌어요(52페이지 참조). 초기 모델들은 전구만큼 큰 유리 진공관을 사용해서 전류를 증폭시키고 컴퓨터 프로세스를 제어했답니다. 문제는 진공관이 쉽게 과열되었고, 지속적으로 교체를 해 주어야 한다는 것이었죠. 그런데 트랜지스터가 발명되면서 이 과열 문제가 해결되었고, 1956년에는 세계 최초로 완전히 트랜지스터화된 컴퓨터 중 하나인 하웰 카뎃Harwell CADET이 등장했답니다.

3세대 컴퓨터

더 작고 빨라진 3세대 컴퓨터는 값싸고 대량 생산 가능한 집적회로(IC)를 사용해서 작동했어요. 1964년에 출시된 캐비닛 크기의 'IBM 360'은 방대한 양의 데이터를 처리할 수 있었고, 서로 연결하여 네트워크를 형성할 수도 있었답니다. 1970년대에 만들어져 1990년까지 판매된 (역시 캐비닛 크기인)'PDP-11'은 대량 생산이 가능했고, 이 컴퓨터의 디자인은 이후에 출시된 수많은 컴퓨터에 영향을 미쳤어요.

IBM 360

PDP-11

코모도어64

4세대 컴퓨터

1970년대 초부터 등장한 4세대 컴퓨터에는 오늘날 우리가 사용하는 데스크톱 PC(개인용 컴퓨터), 노트북 컴퓨터, 태블릿 등이 포함돼요. 1975년에 출시된 최초의 PC중 하나인 '알테어8800'는 조립식 키트 형태로 판매되어 구입한 사람이 직접 조립해야 했어요. 1982년에 출시된 '코모도어64'는 세계에서 가장 많이 팔린 초기 가정용 컴퓨터로 3,000만 대나 판매되었답니다. 1998년에 출시된 알록달록한 '애플 아이맥 G3'는 컴퓨터가 실용적이면서도 스타일리시할 수 있다는 것을 세상에 보여 주었습니다. 21세기가 되자 새로운 세대의 컴퓨터가 등장했어요. 5세대 컴퓨터에는 음성 인식 같은 AI(인공 지능) 기술이 탑재되어 있으며 여기에는 스마트폰도 포함된답니다.

애플
아이맥 G3

최신 노트북

쟁기

"고마운 고대 농기구"

농부들은 12,000년 동안 쟁기질, 심기, 수확을 끊임없이 되풀이하며 작물을 재배해 왔어요. 작물을 재배하려면 단단한 땅을 갈아엎어서 영양분을 위로 끌어올리고, 씨앗이 뿌리를 내릴 수 있도록 흙을 부드럽게 만들어야 했어요. 수천 년 동안 오직 힘든 육체노동과 손에 든 농기구에만 의존해서 농사를 지었던 인류는 약 4,000년 전에 쟁기를 발명했어요. '아드'라고도 불리는 최초의 쟁기는 동물이 끌게 하는 방식으로 사용되었어요. 이 나무로 만들어진 단순한 형태의 쟁기는 씨앗을 뿌릴 수 있도록 땅에 고랑을 파는 용도로 사용되었어요. 그러나 손에 들고 사용하는 쟁기는 너무 가벼워서 잡초를 제거하거나 건조하고 돌이 많은 땅을 깊게 파기에는 역부족이었답니다. 이 문제를 해결하기 위해 더 무거운 쟁기가 발명되었고, 여러 동물이 함께 끌게 함으로써 더 많은 밭을 빠르고 효율적으로 갈 수 있게 되었어요. 고대 이집트인들은 쟁기에 바퀴(26페이지 참조)를 달아 진흙투성이 땅을 갈 때에도 농부가 쟁기를 더 쉽게 다룰 수 있도록 했어요.

쟁기질은 동물의 힘을 빌더라도 무척 힘든 일이었어요. 농부는 쟁기가 일직선으로 밭을 갈 수 있도록 방향을 잡아주어야 했고, 아래로 힘껏 밀어서 땅이 충분히 갈리도록 해야 했답니다.

쟁기가 언제 처음 사용되었는지는 정확히 알 수 없어요. 그러나 가장 오래된 쟁기질 흔적은 중부 유럽의 체코에서 발견되었으며, 기원전 3800~3500년 전까지 거슬러 올라간답니다.

밭을 갈고, 또 갈고

놀랍게도 지난 4,000년 동안 쟁기의 크기, 속도, 재질에는 변화가 있었지만 모양의 본질은 거의 변하지 않았어요. 현대에는 대부분의 농장이 트랙터를 사용해서 쟁기를 움직여요. 트랙터는 큰 쟁기를 동물보다 훨씬 더 빨리, 그리고 오래도록 움직일 수 있답니다. 최신식 쟁기에는 더 많은 날이 달려 있어서 짧은 시간에 많은 작업을 할 수 있게 만들어져 있어요. 땅의 상태와 심는 작물의 종류에 따라 각 날의 각도와 깊이, 그리고 날 사이의 폭도 조절할 수 있답니다.

나침반

"길 찾는 도우미"

자석석이라고 불리는 광물이 철침에 닿으면 마치 마술처럼
스스로 움직인다는 사실을 발견한 고대 중국인들은 약
2,000년 전에 나침반을 발명했어요. 그들은 이 나침반을
'지남어(남쪽을 가리키는 물고기)'라고 부르며 삶의 질서를
유지하고 길을 찾는 데 사용했답니다. 서기 10세기에서
11세기 사이에 중국과 유럽의 선원들은 항해에 나침반을
사용하기 시작했어요. 최초의 항해용 나침반은 나무 막대기
끝에 자성을 띤 철 조각을 달고 물그릇에 띄운 형태였어요.
이 막대기가 움직임을 멈추면 자성을 띤 끝이 언제나 북쪽을
가리켰답니다. 우리는 이제 지구의 외핵에서 발견되는 액체
형태의 철과 니켈이 생성하는 자기장이 지구를 둘러싸고
있다는 사실을 알고 있어요. 이 자기장 때문에 나침반의
바늘은 항상 북쪽을 가리키는 것이랍니다. 오늘날 우리가
등산갈 때 흔히 사용하는 나침반에는 동서남북 네 가지
기본 방위가 표시된 '나침반 방위도'가 그려져 있고, 그 위를
자유롭게 회전하는 자성바늘이 달려 있답니다.

나침반 바늘은 항상
정북 방향을 가리켜요.

나침반에는 바늘을 보호하기 위한 유리 뚜껑이 달려 있어요.

요즘에는 GPS(65페이지 참조)를 사용해서 정확하게 길을 찾
을 수 있어요. 그렇지만 탐험가와 여행자는 비상사태에 대비
해 항상 믿을 만한 나침반을 가지고 다니는 경우가 많답니다.

작은곰자리

북극성

초기의 탐험가

나침반이 발명되기 전, 육로로 여행하는 사람들은 지도나
강, 언덕, 마을 같은 지형지물을 이용해서 자신의 위치와
이동 방향을 파악했어요. 선원들은 최대한 해안선에 가까
이 머물면서 절벽, 바위, 암초, 항구 등을 이용해 방향을
파악하며 항해를 계속했답니다. 또한 사람들은 태양, 달,
별 등 천체를 이용해서 방향을 잡기도 했어요. 태양은 항
상 동쪽에서 떠오르고, 북반구에서만 보이는 밝은 별인 북
극성은 항상 북쪽을 가리켰으니까요. 그러나 날씨가 흐린
날이면 하늘을 보고 방향을 파악하는 것은 불가능했어요.
그래서 나침반이 많은 도움이 되었답니다.

콘크리트

"지속 가능한 건물을 위한 경이로운 건축 자재"

콘크리트는 강하고, 불에 잘 타지 않으며, 오래 지속되고, 모양의 변형이 가능한 정말 놀라운 건축 자재랍니다. 어떤 사람들은 4,000여 년 전에 고대 이집트인들이 피라미드를 만들 때 초기 형태의 콘크리트를 사용했다고 말하기도 해요. 기원전 1300년경, 중동 사람들은 불에 탄 석회암을 집에 바르면 단단한 보호층을 만들 수 있다는 사실을 발견했어요. 기원전 600년경에 고대 그리스인들도 콘크리트와 비슷한 재료를 사용해서 건축물을 지었답니다. 그러나 본격적으로 콘크리트를 사용하기 시작한 사람들은 고대 로마인들이었어요. 그들은 제일 먼저 도로를 만드는 데 콘크리트를 사용했고, 얼마 지나지 않아 모든 건축물에 콘크리트를 사용하기 시작했답니다. 그들은 콘크리트를 사용해 송수로와 다리, 공중목욕탕, 수천 명의 사람들을 수용할 수 있을 만큼 큰 원형 극장, 거대한 신전 등 수많은 웅장한 건물을 지었답니다. 이런 건물들은 지금도 많이 남아있는데, 가장 대표적인 건물은 판테온이에요. 그렇다면 무엇이 콘크리트를 이토록 강하게 만들어 주는 걸까요?

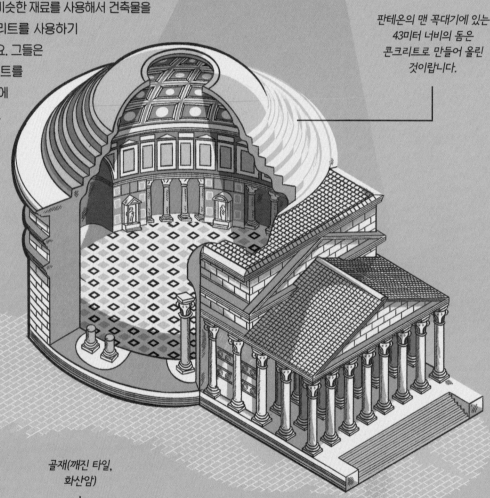

판테온의 맨 꼭대기에 있는 43미터 너비의 돔은 콘크리트로 만들어 올린 것이랍니다.

생석회(탄산칼슘)나 석고와 화산재를 사용해서 만들어요.

물

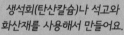

골재(깨진 타일, 화산암)

최고의 콘크리트

고대 로마인들은 부서진 암석 등 여러 가지 골재(타일, 모래 등)를 포졸라(화산재)나, 석회(산화칼슘), 그리고 물 등을 섞어 만든 모르타르와 함께 사용해서 콘크리트를 만들었답니다. 이렇게 만든 콘크리트는 바닷물에서는 더 단단해지는 특성이 있어서 항구나 항만의 벽을 짓는 데 안성맞춤이었어요. 고대 로마의 콘크리트 제조법은 기원전 476년에 로마 제국이 멸망한 후 소실되었다가 15세기가 되어서야 재발견되었답니다. 현대의 콘크리트는 시멘트(결합체), 물, 그리고 골재를 혼합해서 만들어요.

유리

"창문, 선박, 화면, 그리고 안경까지"

지금까지 발견된 유리 중 가장 오래된 것은 기원전 2500년경에 고대 이집트인과 메소포타미아인들이 만들었답니다. 그들은 모래나 석영을 녹여 장신구에 쓸 알록달록한 구슬을 만들었어요. 이런 유행은 그리스로 퍼져나갔고, 그 이후에는 로마 제국과 유럽 전역으로 퍼져나갔답니다. 유리 제조 기술이 더 발전하면서 사람들은 병, 그릇, 꽃병, 술병 같은 것들도 만들기 시작했는 데, 어떤 것들은 평범하면서도 실용적인 모습이었고, 어떤 것들은 화려한 모습으로 비싸게 팔려 나갔어요. 1600년대 후반에 산화납이 첨가되면서 유리는 더 투명해졌고, 모양을 잡기도 더 쉬워졌답니다. 1903년에는 유리병 제조 기계가 등장했어요. 1901년에는 투명한 유리창을 대량 생산할 수 있는 기계도 발명되었답니다. 오늘날에는 유리를 투명하게도, 불투명하게도 만들 수 있고, 무늬를 새기거나 색상을 입힐 수도 있어요. 유리는 만드는 데 큰 비용이 들지 않으면서도 다용도로 사용할 수 있는 지속 가능한 소재인 데다가 재활용까지 가능하답니다. 그래서 거울, 장식품, 전구, 오븐 도어, 텔레비전, 스마트폰, 노트북 화면에 이르기까지 정말 다양한 용도로 사용되고 있어요.

> 투명한 유리는 대부분 모래에 소다회와 석회석을 첨가해서 만들어요. 여기에 산화코발트를 첨가하면 유리가 파란색으로 변하고, 산화크롬을 첨가하면 초록색으로, 금을 첨가하면 빨간색으로 변한답니다.

유리 공예 기법, '블로잉'

유리 블로잉은 기원전 1세기 중동에서 발명되었으며 오늘날에도 병, 꽃병, 장식용 조각품을 만드는 데 사용되고 있어요. 먼저 유리를 용광로에 넣은 후 꿀과 비슷한 점성도를 가질 때까지 녹여요. 그리고 속이 빈 블로우 파이프 끝에 유리 덩어리를 두고, 공예사가 그 안으로 풍선처럼 바람을 불어넣어요. 유리의 열감으로 인해 공기는 더 팽창하고, 유리풍선은 점점 더 커진답니다. 공예사는 유리를 비틀고, 흔들고, 굴려서 표면을 매끄럽게 만들어요. 그리고 마지막으로 유리가 단단해질 때까지 식히면 작품이 완성된답니다.

지렛대

"괴력을 발휘하는 단순한 도구"

지렛대는 인간이 만든 발명품 중 가장 단순한 기구 중 하나이지만 정말 강력한 힘을 발휘해요. 지렛대의 원리는 기원전 260년경에 아르키메데스^{Archimede}에 의해 제일 처음 설명되었지만, 전 세계 인류는 이미 수천 년 전부터 지렛대를 사용해 왔답니다. 지렛대는 벽돌같이 무거운 물체를 들어올리기 위하여 사용되었고, 고대 이집트인들이 피라미드를 건설할 때 사용했던 도구라고 추정되기도 해요. 지렛대는 받침대 위에 단단한 막대가 놓여있는 모습이에요. 이 막대는 받침대 위에서 위아래로 움직인답니다. 지렛대로 무거운 물건을 들어 올리려면 막대의 짧은 쪽 끝에 물건을 올려둬요. 그리고 막대의 긴 쪽을 힘껏 누르면 물건이 들어 올려진답니다.

아르키메데스는 '나에게 충분히 긴 지렛대와 그것을 올려놓을 받침대를 달라. 그러면 세상을 움직여보겠다'라는 말을 남겼다고 해요.

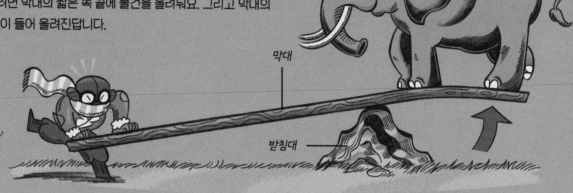

짐

막대

받침대

전동 드릴

"만능 공작 도구"

인류가 사용한 최초의 드릴은 부싯돌로 만든 간단한 손도구에 불과했어요. 튀르키예에서 발견된 기원전 7500년 전의 드릴 조각은 아마도 당시 수렵과 채집에 사용한 것으로 보인답니다. 기원전 6000년경부터 선사 시대 사람들 사이에 사람의 두개골에 구멍을 뚫는 풍습이 시작되었다고 해요. '천두술'이라고 불리는 이 시술은 두통과 발작을 치료하고 악령을 쫓아내기 위해 시행한 것으로 보여요. 그러나 돌, 나무, 가죽, 뼈 등 대상이 무엇이던 간에 손도구로만 구멍을 뚫는 것은 무척 힘들었겠지요. 1889년에 스코틀랜드 태생의 호주인 공학자 아서 제임스 아노트^{Arthur James Arnot}와 그의 동료 윌리엄 브레인^{William Brain}이 최초로 전동 드릴을 발명했고, 그 이후로 구멍 뚫기가 쉬워졌답니다. 처음의 거대한 전동 드릴은 주로 채굴 작업에 사용되었어요. 얼마 후 1895년에는 휴대용 드릴이 출시되었고, 1917년에 블랙앤데커에서 수직으로 잡을 수 있고 온오프 스위치가 장착된 전동 드릴을 처음으로 개발하여 특허를 냈답니다.

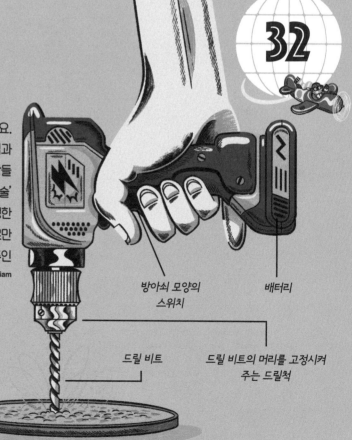

방아쇠 모양의 스위치

배터리

드릴 비트

드릴 비트의 머리를 고정시켜 주는 드릴척

피아노

"음악의 경이로움"

피아노는 기존의 여러 악기들로부터 영감을 받아 만들어졌어요. 나무로 만든 사운드박스 위에 현을 달아 만드는 중동 악기 '해머드 덜시머'는 양 손에 채를 들고 두드려서 연주하는 악기예요. 고대 그리스에서 발명된 '오르간'은 연주자가 건반을 눌러 파이프로 바람을 불어넣어 소래를 내는 악기랍니다. 14세기 유럽의 악기 제작자들은 사운드박스, 현, 건반 등 덜시머와 오르간의 여러 요소들을 모두 합쳐서 '클라비코드'라는 악기를 만들었고, 한 세기 뒤에는 '하프시코드'를 만들었어요. 그런데 클라비코드는 다른 악기들에 비해 소리가 너무 작은 게 문제였고, 하프시코드는 연주가가 음의 강약을 조절할 수 없다는 단점이 있었답니다. 그런데 18세기 초에 이탈리아의 하프시코드 제작자 바르톨로메오 크리스토포리^{Bartolomeo Cristofori}가 기발한 방식으로 이 문제를 해결했어요. 그가 만든 '피아노(이 이름은 나중에서야 붙여진 이름이랍니다)'는 사운드박스 안에 있는 현을 해머(현을 때려 음을 내는 작은 망치-옮긴이)가 두드리게 하는 방식으로 소리를 냈답니다. 클라비코드보다 큰 소리를 낼 수 있고, 음의 강약도 조절할 수 있는 피아노를 통해 이제 작곡가들은 전보다 힘차면서도 감성적인 음악을 만들 수 있게 되었어요.

피아노의 정식 이름은 '클라비쳄발로 콜 피아노 에 포르테'랍니다. 이는 이탈리아어로 '부드럽고 큰 소리를 연주할 수 있는 하프시코드'라는 뜻이에요.

해머는 현을 잠깐만 때려서 선명하면서도 깨끗한 소리를 내요. 또한 해머는 현을 때린 뒤 흔들림 없이 재빨리 제자리로 찾아갈 수 있도록 설계되어 있어서 연주자는 같은 음을 연속해서 빠르게 칠 수 있답니다.

현

해머

건반

건반을 더 주세요!

더 멋진 곡을 작곡하고자 하는 열망이 커지면서 작곡가들은 크리스토포리의 피아노가 원래 가지고 있던 54개의 건반이 충분하지 않다고 생각하게 되었고, 더 많은 음을 낼 수 있는 피아노가 만들어졌답니다. 현대의 피아노는 대부분 흰 건반 52개와 검은 건반 36개로 이루어진 총 88개의 건반을 가지고 있어요. 이를 통해 작곡가들은 더욱 다양한 음역대의 음악을 작곡할 수 있게 되었답니다. 그래서 피아노는 현재도 매우 자주 연주되는 악기예요. 클래식, 블루스, 재즈, 포크, 록, 팝 등 다양한 음악에 사용되지요.

피아노는 타악기이자 현악기예요. 소리 자체는 현에서 발생하지만, 현을 진동시키려면 해머가 현을 두드려야 하니까요.

풍력 발전기

"바람의 힘 활용하기"

날개

높은 언덕 위에 우뚝 솟아 돌아가는 풍력 발전기를 본 적이 있나요? 전기로 돌아가는 풍력 발전기는 꽤 현대적인 모습을 하고 있지만, 사실 인류는 아주 오래전부터 바람의 힘을 활용해 왔습니다. 역사에 기록된 최초의 '풍차'는 고대 그리스에 있었다고 해요. 9세기경이 되자 이란 등 몇몇 국가에서 풍차를 이용해서 곡물을 갈거나 물을 퍼 올렸고, 이후 풍차는 중국과 유럽 전역으로 퍼져나가게 되었어요. 풍차 기술이 획기적으로 발전한 건 1887년에 스코틀랜드의 한 정원에 높이가 10미터나 되고, 10미터 너비의 수직축이 달린 이상한 모양의 풍차가 등장하면서부터였어요. 이 풍차에는 '다이나모'라고 불리는 발전기가 부착되어 있었답니다. 스코틀랜드의 공학자 제임스 블라이스 Jame Blyth가 만든 이 기계는 세계 최초의 풍력 발전기였어요. 이 발전기에서 생산된 전기는 블라이스의 집에 있는 모든 조명을 켜는 데 사용되었다고 해요. 얼마 지나지 않아 미국의 발명가 찰스 브러시 Charles Brush도 오하이오주에 있는 자신의 저택에 더 큰 풍력 발전기를 만들었답니다. 높이가 18미터, 가로 길이가 17미터인 이 풍력 발전기에는 날개가 144개나 달려 있었어요. 브러시는 이 발전기로 자신의 집에 있는 100여 개의 전구와 몇몇 이웃들의 집까지 전력을 공급했다고 해요. 1930년대 초에는 미국 전역의 농장에 설치된 수천 개의 풍력 발전기가 불을 켜고 물을 퍼 올렸답니다.

증속기

발전기

전기가 전원 케이블을 타고 내려가 발전소로 공급돼요.

석탄이나 석유, 가스 같은 화석 연료를 태우는 방식에서 벗어나 친환경적이면서 재생 가능한 방식으로 전기를 생산하는 데 있어서 풍력 발전기는 매우 중요한 역할을 한답니다.

브러시의 풍력발전기

블라이스의 풍력발전기

친환경 에너지

오늘날 세계 곳곳에서 발견할 수 있는 풍력 발전기는 하나만 있거나, 혹은 육지나 바다에 있는 거대한 풍력 발전 단지 안에 설치되어 있답니다. 현재 중국에 있는 세계에서 가장 큰 풍력 발전 단지에는 7,000여 개가 넘는 풍력 발전기가 설치되어 있어요. 높이가 100미터를 넘는 것도 있고, 모터가 달려 있어서 몸체가 늘 바람을 향해 돌아가도록 만들어진 것도 있답니다. 이렇게 하면 에너지 생산 효율을 극대화할 수 있어요. 육상 풍력 발전기는 연간 600만 킬로와트 이상의 전력을 생산할 수 있고, 해상 풍력 발전기는 두 배나 더 많은 전력을 생산할 수 있다고 해요.

헬리콥터

"빙글빙글 돌며 하늘을 날다"

헬리콥터가 15세기에 이미 고안되었다는 사실을 믿을 수 있나요? 이탈리아의 천재 발명가 레오나르도 다빈치가 고안한 비행 기계 '공중 나사'에는 4미터 폭의 날개가 달려있었고, 네 명의 승무원이 힘으로 날개를 돌려야 하는 구조였답니다. 다빈치의 비행 기계는 실제로 만들어지진 않았지만(만들어졌다 하더라도 제대로 날지는 못했을 거예요), 그의 아이디어만큼은 시대를 몇 세기나 앞선 것이었어요. 1930년대 후반에 제대로 날 수 있는 헬리콥터가 처음 등장했지만 대부분 불안정하고 위험했으며 사고도 자주 일어났어요. 1936년에 독일 공학자 하인리히 포케Henrich Focke가 개발한 1인승 트윈 로터 헬리콥터 'Fw-61'가 처음으로 안정적인 비행에 성공했습니다. 최초로 대량 생산된 헬리콥터는 러시아 태생의 이고르 시코르스키Igor Sikorsky 가 발명했어요. 그가 만든 2인승 헬리콥터 'R4 호버플라이'는 시속 120킬로미터로 날 수 있었답니다. 오늘날에는 작은 2인승 헬리콥터부터 여러 개의 엔진을 장착한 거대한 화물 수송용 헬리콥터까지 다양한 종류의 헬리콥터가 하늘을 날고 있어요.

공중 나사

코르누가 1907년에 만든 '하늘을 나는 자전거'

포케가 만든 'Fw-61'

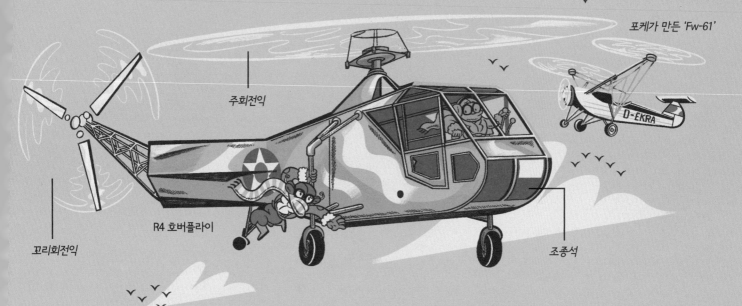

주회전익

꼬리회전익

R4 호버플라이

조종석

D-EKRA

날쌘 수직이착륙기

헬리콥터는 고도가 높아지면 공기가 희박해지면서 성능이 떨어지게 되어 비행기처럼 높이 날 수는 없습니다(지금까지 헬리콥터가 날아 오른 최고 높이는 약 13,000미터 정도였어요). 그렇지만 헬리콥터 에게는 이런 단점을 보완해 주는 큰 장점이 있답니다. 그건 수직으로 이륙과 착륙을 할 수 있고, 정지한 상태로 하늘에 떠 있다가 어느 방향으로든지 움직일 수 있는 비행 능력이죠. 또한 헬리콥터에는 사람뿐 아니라 권양기나 탐조등, 소방 장비 등을 실을 수 있어 응급 상황이 발생했을 때 사용하기 좋은 이동 수단이랍니다. 구조 요원 들은 헬리콥터를 타고 바다나 육지에서 길을 잃은 사람을 수색하거나, 접근하기 어려운 위치까지 이동해서 구조 활동을 할 수 있어요.

초콜릿

"세상에서 가장 사랑받는 달콤한 디저트"

혀에서 사르르 녹는 초콜릿보다 더 맛있는 게 있을까요? 세계인이 가장 좋아하는 디저트가 초콜릿이라는 사실은 놀라운 일이 아니죠. 그렇지만 적어도 3,500년 동안 사람들이 초콜릿을 먹어 왔다는 사실을 알고 있었나요? 더 놀라운 사실은 오랜 세월 동안 사람들은 초콜릿을 음료로만 마셨는데 심지어 달지 않았대요! 초콜릿이 처음 등장하는 곳은 카카오나무가 자라는 고대 메소아메리카(멕시코 중남부와 중앙아메리카 북서부 지역의 문명권을 통틀어 일컫는 말-옮긴이)였답니다. 그곳에 살았던 올멕인이 카카오나무 열매의 씨(카카오 빈)를 사용해서 초콜릿 음료를 만든 최초의 사람들이라고 말하는 학자들도 있어요. 이후에 등장한 고대 마야인(현재의 멕시코 남부, 과테말라, 벨리즈 북부에 살았던 사람들)은 카카오 빈이 신이 내린 마법의 선물이라고 믿었다고 해요. 그들은 카카오 빈을 볶은 후 갈아서 가루로 만들고, 여기에 물과 고추, 그리고 옥수수 가루를 섞어 '쇼콜라틀'이라는 이름의 진하고 쌉싸름한 음료를 만들었답니다.

전 세계로 뻗어나간 초콜릿

탐험가들이 카카오 빈을 스페인으로 가져온 것은 16세기 무렵이었어요. 처음 초콜릿 음료를 맛본 유럽인들은 '돼지들이나 마실 법한 쌉쌀한 음료'라고 무례한 평가를 내리는 사람도 있었답니다. 그렇지만 꿀이나 설탕을 섞어 단맛을 낸 초콜릿이 유럽 전역의 왕족과 귀족들 사이에서 큰 인기를 끌기 시작하자 많은 유럽 국가들이 중앙아메리카 농장에서 카카오 빈을 수입하기 시작했어요. 그리고 재스민, 감귤 껍질, 계피, 정향, 고추, 용연향 등으로 맛을 낸 코코아를 파는 '초콜릿 하우스'가 유행하게 되었답니다.

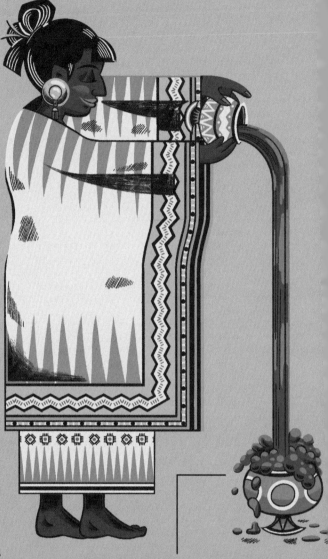

아즈텍인(현대 멕시코에 살았던 사람들)은 쇼콜라틀을 냄비에서 다른 냄비로 부어서 거품을 내고 걸쭉하게 만들었어요. 이렇게 만든 쇼콜라틀에는 종종 고추나 다른 향신료가 들어있어서 정말 독특한 맛이 났답니다.

쇼콜라틀이 만들어지는 과정:

1. 카카오나무는 최대 12미터까지 자랄 수 있어요. 카카오 열매 안에는 달콤한 과육으로 덮인 70여 개의 씨, 즉 카카오 빈이 들어 있습니다.

2. 열매를 수확한 후 빈과 과육을 떼어내요.

3. 떼어낸 과육과 빈을 펼쳐놓고 발효시켜요.

초콜릿 음료에서 판초콜릿이 되기까지

1828년에 네덜란드의 한 화학자가 카카오 빈에서 지방을 추출해 코코아 버터로 만드는 기계를 발명했어요. 버터를 추출하고 나면 '코코아'라고 불리는 미세한 가루가 남았답니다. 이 가루를 물과 설탕과 섞으면 오늘날 우리가 즐겨 마시는 코코아와 비슷한 달콤한 음료가 만들어졌어요. 그 후 1847년에 영국의 쇼콜라티에 J. S. 프라이^{J. S. Fry}가 코코아 버터, 설탕, 그리고 초콜릿 주류를 틀에 넣고 굳혀서 최초의 판초콜릿을 만들었답니다. 최초의 밀크 초콜릿은 1876년 스위스에서 탈지분유를 넣으면서 만들어졌어요. 오늘날에는 수많은 초콜릿 회사가 입에 침이 고일 정도로 먹음직한 갖가지 종류의 초콜릿을 생산하고 있어요. 그중에는 밀크 초콜릿, 다공성 초콜릿, 플레이크 초콜릿도 있고, 속에 카라멜, 누가, 허니콤, 과일, 견과류 등으로 채운 초콜릿도 있답니다.

'초콜릿'이라는 단어는 '쓴 물'이라는 뜻의 아즈텍어 '쇼콜라틀'에서 유래한 것으로 알려져 있어요. 카카오나무의 학명인 '테오브로마 카카오'는 그리스어로 '신들의 음식'이라는 뜻이랍니다.

아즈텍 사람들은 카카오 빈을 화폐로 사용하기도 했대요.

빈 1개 = 잘 익은 아보카도 1개
빈 3개 = 칠면조 달걀 1개
빈 100개 = 암컷 칠면조 한 마리

우리는 매년 약 500만 톤의 카카오 빈을 소비하며, 2023년에 전 세계의 초콜릿 시장 규모는 약 2,385억 달러나 되었다고 해요. 우리가 얼마나 초콜릿을 사랑하는지 알겠죠?

높은 인건비

초콜릿을 찾는 사람들이 늘어나면서 카리브해와 중남미의 카카오 농장 산업이 크게 성장했고, 카카오 농장주들은 큰돈을 벌게 되었답니다. 17세기에서 19세기 사이에 메소아메리카와 아프리카에서 끌려온 수천 명의 노예들은 끔찍한 생활환경과 질병, 신체적 학대를 견디며 카카오 농장에서 강제로 일해야 했어요. 오늘날에도 초콜릿 산업에는 강제노동과 열악한 환경, 낮은 임금 등 현대판 노예제도라고 불릴 만한 상황이 여전히 일어나고 있답니다. 초콜릿은 좋아하지만 인권 보호에도 관심이 있다면 비윤리적인 농장과는 거래하지 않는 초콜릿을 찾아보세요!

4. 남아있는 갈색 빈을 말려요.

5. 말린 빈을 볶아요.

6. 빈의 껍질을 벗긴 후 갈아서 코코아 버터를 추출해요. 여기에 코코아 고형물을 섞어 '초콜릿 리쿼'를 만들어요.

7. 물, 고추, 옥수수 가루를 첨가해서 음료의 맛을 돋워주어요.

수차

"대체 근력"

수차는 기계를 구동하는 데 사용된 최초의 동력 장치였어요. 수차 동력에 대한 최초의 기록은 기원전 1세기 그리스로 거슬러 올라가며 옥수수 방앗간을 묘사하고 있답니다. 그 이전에는 사소한 일부터 힘든 일까지 모든 작업을 수행하는 데 필요한 에너지는 오직 한 가지 '근력'으로부터만 얻을 수 있었어요.

그런데 수차는 물이 흐를 때 발생하는 에너지를 동력으로 변환시켜 주었고, 이 동력으로 인류는 사람이나 동물의 근력을 이용하는 것보다 훨씬 더 효율적으로 중장비를 가동시킬 수 있답니다. 이처럼 수차는 고대에도 사용했던 아주 오래된 발명품이지만 무척 효과적이고 유용하기 때문에 20세기까지도 널리 사용되었어요. 사람들은 수차를 이용해서 밭에 물을 대고, 톱을 움직여 나무를 자르고, 맷돌을 돌려 곡물을 갈거나 나무 펄프를 만들어 종이를 생산했어요. 그 외에도 망치로 천을 두드리는 기계인 '축융기'를 가동시키거나, 채굴된 광석을 분쇄하여 그 안에 있는 금속을 추출하는 기계에 동력을 공급하는 데도 사용했답니다.

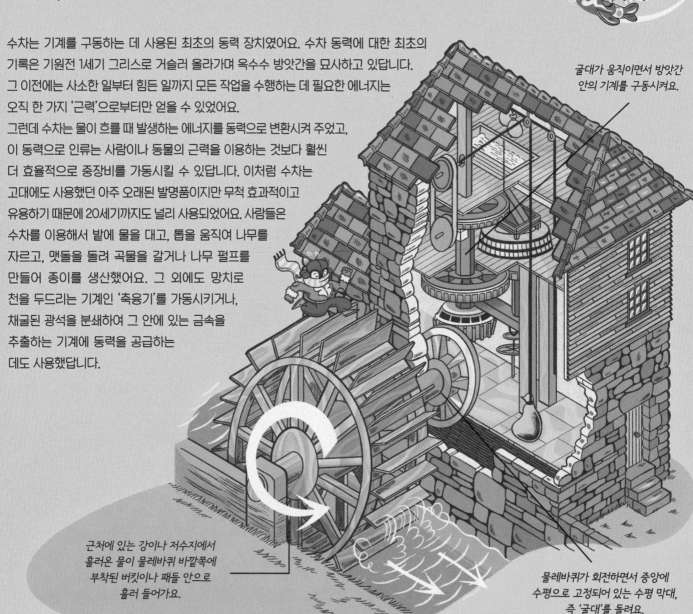

굴대가 움직이면서 방앗간 안의 기계를 구동시켜요.

근처에 있는 강이나 저수지에서 흘러온 물이 물레바퀴 바깥쪽에 부착된 버킷이나 패들 안으로 흘러 들어가요.

물레바퀴가 회전하면서 중앙에 수평으로 고정되어 있는 수평 막대, 즉 '굴대'를 돌려요.

산업 혁명

증기 기관(81페이지 참조)의 발명과 마찬가지로 수차는 영국에서 산업혁명이 일어나는 데 있어서 중요한 역할을 했어요. 수차는 제철소의 용광로를 달구는 데 사용되는 거대한 풀무, 이렇게 녹인 금속을 유용한 모양으로 만들어 주는 해머, 면화를 생산하는 방적기 등에 동력을 공급했답니다. 지금도 작동하는 전 세계에서 가장 큰 물레방아는 영국의 맨 섬에 있는 '렉시 수차'예요. 선명한 빨간색으로 칠해진 지름 22미터의 렉시 수차는 1854년에 물을 퍼 올리기 위한 용도로 만들어졌다고 해요.

렉시 수차

전화기

"장거리 통신"

전화기는 우리가 멀리 떨어져 있는 사람과도 실시간으로 대화를 나눌 수 있게 해줌으로써 세상을 변화시켰답니다. 전화기가 등장하기 전인 1840년에 먼저 전보를 주고 받을 수 있게 하는 '전신'이 생겨났어요. 사람들은 마치 문자 메시지를 보내는 것처럼 전기 케이블을 통해 한 전신에서 다른 전신으로 암호화된 메시지를 전송한 후, 이를 해독하여 전달했답니다. 이후 수십 년이 지난 1870년대에 전화기가 등장했어요. 스코틀랜드 출신의 알렉산더 그레이엄 벨Alexander Graham Bell은 미국 흑인 발명가인 루이스 라티머Lewis Latimer(그는 초기 형태의 에어컨을 발명하기도 했답니다)의 도움을 받아 1876년에 자신이 디자인한 전화기를 세계 최초로 특허냈어요. 이 전화기는 소리를 전기 신호로 변환한 후 전선을 따라 수신기로 전달하는 방식으로 작동했답니다. 그 다음에는 전선을 아예 없애서 사람들이 언제 어디에서든 전화를 걸 수 있는 휴대폰이 등장했어요. 초기의 휴대폰은 크고 투박한데다가 무척 무거웠고, 신호를 멀리 전송할 수도 없었답니다. 최초의 휴대폰은 1983년에 출시된 모토로라의 '다이나 TAC 8000X'였어요. 가격은 무려 3,500달러(현재 가치로 약 9,500달러)에 달했고, 배터리 수명은 고작 30분밖에 되지 않았답니다. 이후 휴대폰 기술은 점점 발달해서 주머니에 넣어 가지고 다닐 수 있을 정도로 크기도 작아졌고, 배터리 수명도 오래 지속되며, 문자 메시지도 보낼 수 있게 되었어요.

모토로라 8000X

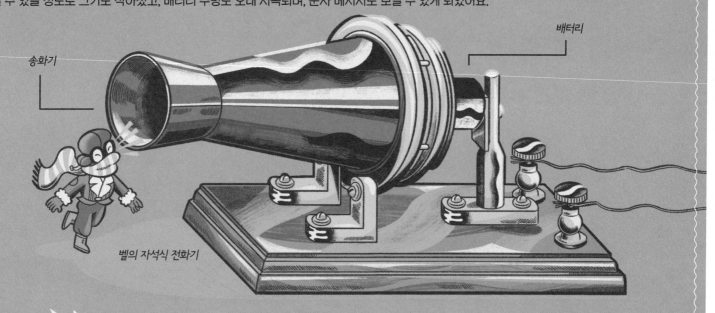

배터리

송화기

벨의 자석식 전화기

알렉산더 그레이엄 벨은 사람들이 전화를 받을 때 '어호이!(Ahoy: 주로 선원들이 쓰는 인사말-옮긴이)'라고 말하길 원했다고 해요. 그렇지만 그의 경쟁자였던 발명가 토마스 에디슨Thomas Edison이 제안한 '헬로'가 오늘날 우리가(영미권 사람들을 지칭함-옮긴이) 일반적으로 사용하는 전화 인사말이 되었답니다.

스마트폰

스마트폰은 전화를 하거나 문자 메시지를 보내는 것 이상의 기능을 가진 조그만 컴퓨터예요. 스마트폰이 처음 세상에 등장한 건 1993년이었답니다. 미국의 기술 회사 IBM이 개발한 '사이먼'은 이메일과 팩스를 보낼 수 있는 최초의 휴대전화였어요. 2007년에 애플이 최초의 터치스크린을 장착한 '아이폰'을 출시하면서 스마트폰은 본격적으로 발전하기 시작했어요. 이제 우리는 스마트폰으로 게임, 인터넷 검색, 영화 감상, 음악 감상, GPS를 이용한 길 찾기(65페이지 참조), 사진 및 동영상 촬영, 결제, 데이터 저장 등 다양한 기능을 사용할 수 있게 되었어요.

화폐

"전 세계 어디든지 쉽게 거래하기"

화폐는 전 세계 모든 나라에서 사용되고 있어요. 화폐는 자전거 같은 '물건'과 교환하거나, 누군가를 고용해서 일을 시키는 것 같은 '서비스'와 교환할 수 있어요. 화폐가 생기기 전에는 사람들은 물물교환으로 자신이 가진 물건을 필요한 물건과 교환했답니다. 예를 들면 농부가 곡물 10자루를 소 한 마리와 교환하는 식이였죠. 이러한 거래를 좀 더 쉽게 만들어 주기 위해 화폐가 발명되었답니다. 판매자와 구매자 간의 합의된 가치가 부여된 화폐는 가지고 다니기 쉽고 잘 망가지지 않아 더 널리 교환할 수 있었답니다. 금과 은으로 만든 최초의 동전은 기원전 7세기에 고대 왕국 리디아(현재의 튀르키예에 위치)에서 등장했어요. 종이로 만든 지폐는 약 1,000년 전에 중국에서 처음 사용되었답니다. 지폐는 무거운 동전을 운반하는 데 지친 상인들이 고안했다고 해요. 요즘에는 대부분의 거래가 실물 화폐가 필요 없는 전자 금융 거래로 이루어지고 있답니다.

화폐가 처음 발명된 때부터 가짜 화폐를 만드는 사람들이 존재했어요(이런 범죄를 '위조'라고 한답니다). 가장 일반적인 수법은 동전을 녹인 후 거기에 쓸모없는 금속을 추가해 양을 부풀린 다음 그걸로 더 많은 수의 동전을 만드는 것이었어요.

화폐가 진품이라는 것을 증명하기 위한 수단으로 사람들은 왕과 왕비 등의 통치자의 머리를 동전에 새겨두는 경우가 많았어요. 고고학자들은 동전에 새겨진 그림을 보고 동전의 연대를 측정할 수 있답니다.

특이한 화폐들

과거에는 기이하고 신기한 화폐도 많이 있었어요. 칼이나 삽, 조개껍데기 같은 것이 화폐로 사용되기도 했고, 소금은 식품 방부제로써의 가치가 무척 높아서 한때는 '백금'이라고 불리기도 했어요. 태평양의 미크로네시아 연방에 있는 야프 섬에서는 세계에서 가장 특이한 화폐 중 하나가 사용되고 있어요. '라이 스톤'이라고 불리는 이 동전은 중앙에 구멍이 뚫린 커다란 원반 모양의 석회암이랍니다. 크기가 어찌나 큰지 어떤 것은 지름이 3미터가 넘는대요!

비누

"청결과 건강을 위해 거품 내기"

비누가 나타나기 전까지 사람들은 물로만 씻었어요. 최초의 비누는 기원전 2800년경에 고대 바빌로니아(현재 이라크에 위치)에서 만들어졌답니다. 바빌로니아 사람들은 동물성 지방과 나무 재를 섞어서 만든 비누를 항아리에 넣어 보관했다고 해요. 기름기가 많고 질감이 거친 이 회색빛 혼합물은 사람 몸이 아닌 옷을 빠는 데 사용되었고, 오늘날 우리가 사용하는 비누와는 매우 달랐답니다. 고대 이집트 사람들은 비누를 의료적인 목적으로 사용했어요. 기원전 1550년경에 작성된 가장 오래된 의학 문헌 중 하나인 '에버스 파피루스'에는 이 비누의 제조법이 다음과 같이 적혀 있답니다. '동물성 또는 식물성 기름에 알칼리성 소금을 섞는다.' 서아프리카의 요루바족은 수세기 동안 시어나무 껍질과 질경이 껍질 같은 식물성 재료로 만든 비누 '두두오선('검은 비누'라고도 해요)'를 사용해 왔어요. 2세기경부터 사람들은 비누를 사용해서 몸을 씻기 시작했답니다. 그렇지만 19세기 중반이 되어서야 의사와 과학자들은 세균이 질병을 유발하기 때문에 비누로 몸을 씻으면 질병에 걸릴 확률이 낮아진다는 사실을 알게 되었어요.

비누는 물로만은 제거가 안 되는 기름기를 없애 주기 때문에 아주 훌륭한 세정제예요. 비누질을 하면 기름때에 비누 분자가 달라붙었다가 물로 씻어낼 때 분자가 물에 녹아 들어가며 기름때까지 떨어져 나오게 되는 것이랍니다.

화산 폭발로 폐허가 된 고대 로마의 도시 폼페이에서 발견된 비누 공장에는 서기 79년에 만들어진 비누까지 잘 보존되어 있답니다. 고대 로마인들은 처음에는 비누를 몸을 씻기 위한 용도보다는 피부 질환 치료에 사용했다고 해요.

매끈하고 향기로운

향기 나는 비누는 8세기경 중동에서 최초로 등장했어요. 이런 비누가 가장 먼저 만들어진 나라 중 하나는 시리아였답니다. 올리브 오일 기반에 월계수 오일을 주입한 녹색 비누뿐 아니라 꽃잎, 타임, 라벤더 등이 사용된 비누도 있었어요. 비누 제조법은 오랜 시간 크게 변하지 않고 쭉 이어져 오다가 19세기 무렵에 획기적인 발전을 이루게 된답니다. 이때부터 재료와 제조법이 크게 향상되면서 부드럽고 알록달록한 색을 띠며 기분 좋은 향이 나는 비누가 생산되기 시작했어요. 가격도 저렴해져서 이제 누구나 비누를 구입할 수 있게 되었답니다.

내연기관

"자동차 시대가 열리다"

1700년대 후반부터 1800년대 중반까지 많은 공학자들이 증기로 구동되는 엔진(24페이지 참조)보다 더 작고 효율적인 엔진을 개발하기 위한 연구에 돌입했어요. 이렇게 개발된 '내연기관(증기 기관과 달리 연료를 엔진 내부에서 연소시켜 구동되는 기관)'은 초기에는 가스로 구동되었지만, 나중에는 액체 연료를 사용했어요. 내연기관의 발전에 획기적인 변화를 가져온 사람은 독일의 공학자 니콜라우스 오토^{Nikolaus Otto}였답니다. 그는 다른 발명가들이 수십 년에 걸쳐 이룬 연구를 바탕으로 가솔린으로 구동되는 조용하면서도 효율적인 '4행정 기관'을 개발했어요. 1876년에 발명된 이 엔진은 이후 개발된 모든 내연기관 설계의 기초가 되었답니다. 내연기관을 사용하는 최초의 자동차는 또 다른 독일인 카를 벤츠^{Karl Benz}가 1885년에 발명했어요. 그가 직접 설계한 0.75마력 가솔린 엔진을 장착한 자동차 '모터바겐'에는 바퀴가 세 개 달려있었고, 시속 16킬로미터까지 달릴 수 있었어요. 이후 내연기관으로 구동되는 더 빠르고 강력한 자동차들이 계속해서 등장했지만, 일반인이 자동차를 구입할 수 있게 된 건 20세기에 들어와서 자동차가 조립 라인(83 페이지 참조)에서 대량으로 생산되기 시작하면서부터였답니다.

벤츠의 모터바겐

포드 모델 T-1

DMC 들로리안

2021 F1

수백만 대의 트럭, 밴, 버스, 대형버스, 오토바이를 포함한 10억 대 이상의 자동차가 매일 도로 위를 운행하고 있으며 매년 약 8,500만 대가 더 생산되고 있다고 해요.

4행정 엔진의 작동 원리:

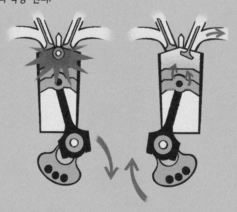

1. 흡기: 피스톤이 아래로 내려가고, 공기와 연료의 혼합물을 끌어들이며 흡기 밸브가 열려요

2. 압축: 피스톤이 다시 위로 올라가며 혼합물을 압축해요.

3. 폭발: 피스톤이 끝까지 올라가면 점화 플러그가 스파크를 일으켜서 혼합물이 점화돼요.

4. 배기: 피스톤이 아래로 내려오면서 배기밸브가 열리고 배기가스를 밖으로 배출시켜요.

연료 공급

연소 엔진은 대부분 휘발유(가솔린이라고도 해요)나 디젤로 작동하며, 식물과 식물성 기름, 에탄올(알코올의 일종)과 같은 유기물로 만든 바이오 연료를 사용하는 것도 있어요. 4행정 엔진은 혼합기를 연소시켜 엔진을 작동시키죠. 이처럼 내부에 연소를 유도시켜 작동하는 기관인 내연기관은 사람들에게는 먼 거리를 자유롭게 이동할 수 있는 자유를 주었지만, 지구 온난화의 주요 원인이 되는 배기가스를 배출하는 범인이기도 하답니다.

비행 기록 장치

"상자에 담긴 안전 기록"

호주인이었던 데이비드 워렌David Warren이 아직 어린 소년이었을 때 그는 아버지로부터 라디오를 선물 받았어요. 이 선물은 그가 평생 전자제품에 대한 관심과 애정을 갖게 된 계기가 되었답니다. 1950년대에 최초의 제트 여객기였던 '드 하빌랜드 코멧'이 계속해서 추락하는 원인을 조사하는 팀의 일원으로 일하고 있던 워렌은 추락 직전의 항공기 데이터를 확보할 수만 있다면 그 원인을 더 빨리 알아낼 수 있다는 생각에 착안하게 되었어요. 작은 카세트 녹음기로부터 아이디어를 얻은 워렌은 재빨리 연구에 착수했고, 몇 년 만에 고도, 방향, 속도, 기내 압력 같은 비행정보('비행 기록 장치', 또는 FDR)와 조종석에서 들려오는 조종사의 음성('조종실 녹음 장치', 또는 CVR)을 녹음해 주는 장치를 만들었답니다. 이전에도 비슷한 장치를 만들려는 시도는 있었지만 제대로 작동하는 장치를 처음으로 만든 건 워렌이었어요. 자신들의 대화가 녹음되는 걸 꺼렸던 조종사들도 있었기 때문에 초기에는 그의 장치가 많은 의심을 받기도 했답니다. 그러나 워렌의 발명품이 많은 생명을 구할 수 있다는 사실을 깨달은 항공사들이 1960년대부터 모든 상용 여객기에 비행 기록 장치를 장착하기 시작했어요. 이후 워렌의 발명품이 수집한 정보를 바탕으로 항공 여행 안전과 비행기 설계에 많은 발전이 이루어졌답니다.

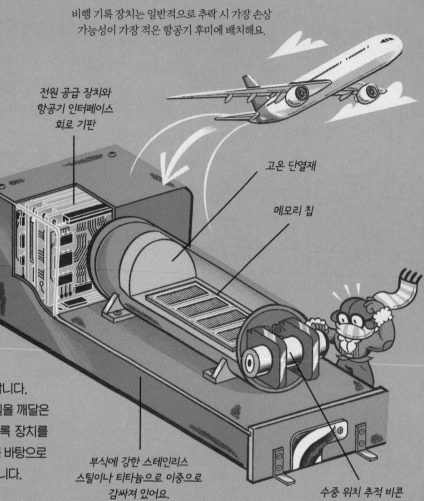

비행 기록 장치는 일반적으로 추락 시 가장 손상 가능성이 가장 적은 항공기 후미에 배치해요.

전원 공급 장치와 항공기 인터페이스 회로 기판

고온 단열재

메모리 칩

부식에 강한 스테인리스 스틸이나 티타늄으로 이중으로 감싸져 있어요.

수중 위치 추적 비콘

비행기 추락사고가 발생하면 조사관들이 가장 먼저 찾는 것 중에 하나가 비행 기록 장치예요.

음파

위치추적 비콘은 최대 30일 동안 1초에 한 번씩 초음파로 '핑' 하는 소리를 내보내요. 이 소리는 최대 수심 6,000미터에서도 감지된답니다.

어떤 환경에도 견디는 장치

비행 기록 장치는 '블랙박스'라고 불리지만, 사실 쉽게 눈에 띄도록 밝은 주황색으로 칠해져 있답니다. 최신 장치에는 방수와 방화 기능이 있을 뿐 아니라 고속 충돌의 엄청난 충격도 견딜 수 있도록 만들어졌어요. 위치추적 비콘은 바다로 추락한 항공기를 찾을 수 있도록 해준답니다. 작은 배터리로 구동되는 이 장치는 물에 잠겼을 때 작동하도록 만들어져 있는데, 초음파 신호(너무 높아서 사람의 귀에는 안 들리지만 전자 추적 기기를 사용하면 아주 먼 거리에서도 감지할 수 있어요)를 내보내서 수색팀이 항공기의 정확한 위치를 찾을 수 있도록 돕는답니다.

트랜지스터

"모든 전자기기에 부착"

이 초소형 전자 부품은 이 책에 등장하는 발명품 중 가장 크기가 작지만, 세상을 가장 많이 변화시킨 위대한 발명품 중 하나랍니다. 트랜지스터는 전기 신호를 증폭시키거나 제어하거나, 생성시키는 역할을 해요. 인공위성에서부터 잠수함, 전화기, 장난감, 계산기, 컴퓨터에 이르기까지 모든 전자기기를 만드는 데 있어서 가장 필수적인 부품이랍니다. (트랜지스터는 1947년에 미국의 과학자 존 바딘[John Bardeen], 윌리엄 쇼클리[William Shockley], 월터 브래튼[Walter Brattain]에 의해 발명되었지만, 다른 많은 사람들이 이미 기반을 마련해 두었을 뿐 아니라 그들의 연구를 전폭적으로 지원해 주었답니다.) 트랜지스터가 최초로 만든 전자기기 중 하나는 휴대용 전기 보청기였어요. 1950년대 중반에는 주머니에 쏙 넣을 수 있는 작은 트랜지스터 라디오도 상점에서 팔리기 시작했답니다. 이 라디오를 통해 사람들은 이제 어디서든 좋아하는 라디오 방송을 들을 수 있게 되었어요. 트랜지스터는 모든 최신 기술을 소형화시켜 주었고, 이후 수많은 전자 발명품, 특히 개인용 컴퓨터의 기반이 되었답니다.

트랜지스터에는 전류를 전달하는
세 개의 단자가 달려 있어요.

콜렉터

이미터   베이스

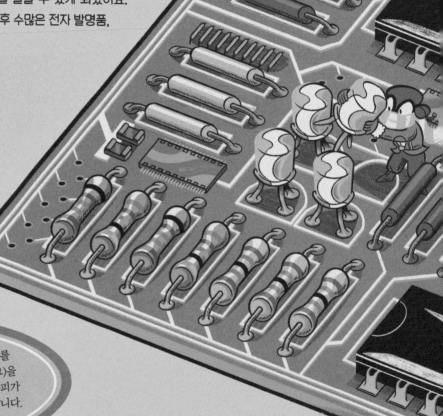

트랜지스터가 발명되기 전에는 텔레비전이나 라디오를 작동시키기 위해서 유리 진공관('밸브'라고도 불렸어요)을 이용해서 전류를 제어했어요. 하지만 유리 진공관은 부피가 너무 크고 전력 소비도 많았으며 과열될 위험이 있었답니다.

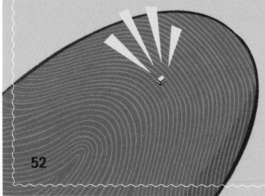

초소형 트랜지스터

오늘날 매년 생산되는 수십억 개의 트랜지스터는 대부분 마이크로칩처럼 우리가 현재 사용하는 모든 기술을 작동시켜 주는 전자부품을 만드는 데 사용돼요. 시간이 지남에 따라 트랜지스터 자체도 점점 더 작아지고 있답니다. 이는 곧 더 많은 양의 트랜지스터를 사용할 수 있다는 의미예요. 어떤 마이크로칩에는 수조 개의 작은 트랜지스터들이 들어있답니다. 이런 마이크로칩은 우리가 사용하는 컴퓨터나 스마트폰을 작동시키는 초소형 컴퓨터인 '마이크로프로세서'를 만드는 데 사용돼요.

차

"세계적으로 가장 인기 있는 음료"

전 세계 사람들은 매일 50억 잔 이상의 차를 마시고 있다고 해요. 그런데 여러분은 차를 마실 때 컵에 담겨있는 긴 티백을 누가 발명했는지 궁금하지 않나요? 약 5,000년 전, 중국의 한 황제가 처음으로 차를 마시고 그 매력에 빠지고 말았답니다. 이후 사람들은 찻잎에 끓는 물을 부어 맛있는 차를 즐기기 시작했어요. 그렇지만 차를 마신 후 다 쓴 찻잎을 버리는 것은 상당히 귀찮은 일이었죠. 1901년에 미국의 로버타 로슨 Roberta Lawson과 메리 맥라렌Mary McLaren이 적당한 양의 찻잎이 들어있는 천 주머니 '찻잎 홀더'를 개발해서 이 문제를 해결했답니다. 이후 이 아이디어는 점점 더 큰 인기를 얻게 되었어요. 1944년에는 종이 섬유로 만든 사각 티백이 처음으로 등장했는데 오늘날 우리가 사용한 것과 동일한 모양이었답니다. 이제 슈퍼마켓에 가면 사각형, 원형, 피라미드 모양, 컵에서 쉽게 꺼낼 수 있도록 하는 끈이 달린 모양 등 다양한 종류의 티백이 진열대에 쌓여있는 모습을 볼 수 있어요. 이거 참 멋지죠? 그럼 이제 주전자에 물을 끓여 볼까요?

전설에 따르면 고대 중국의 황제 염제 신농씨의 신하가 황제가 마실 물을 끓이는 데 우연히 차나무 잎이 주전자 안으로 떨어지게 되었고, 이를 한 모금 마신 황제가 무척 상쾌한 기분을 느꼈던 것이 차의 시초가 되었다고 해요.

차에 관한 진실

중국인들은 처음에는 차를 약으로 복용했어요. 그리고 시간이 지난 후에는 심신을 편안하게 해주는 음료로 마시기 시작했죠. 홍차, 녹차, 황차, 백차, 우롱차를 포함한 모든 차는 일반적으로 '차나무'라고 불리는 '카멜리아 시넨시스'라는 상록 관목으로 만들어요. 차를 끓일 때는 가장 어린잎만 사용하는데, 그게 가장 맛이 좋기 때문이랍니다. 차는 물 다음으로 세계인이 가장 많이 마시는 음료예요. 17세기와 18세기 영국에서는 차가 매우 비쌌어요. 그래서 밀수업자들은 차를 불법으로 수입해서 많은 돈을 벌었답니다.

시계

"늦을 수가 없어요"

시간을 측정하는 일은 하루를 계획하고 약속을 지키며 삶을 효율적으로 살기 위해서 꼭 필요한 일이죠. 그렇지만 최초의 인류는 물체나 기계, 숫자를 사용하지 않고도 시간을 측정할 수 있었답니다. 선사 시대를 살았던 사람들은 아마도 자연 환경의 변화를 관찰하며 하루의 시간을 '새벽', '일출', '오전', '오후', '늦은 오후', '일몰', '저녁', '밤' 등으로 나누어 생각했을 거예요.

물시계

'클렙시드라'('물 도둑'이라는 뜻의 그리스 어에서 유래한 단어예요)라고도 불리는 물 시계는 고대부터 이집트, 중국, 인도 등에 서 많이 사용되었어요. 물시계는 그릇으로 꾸준히 흘러 들어오는 물을 받은 후, 물 이 빠지면서 드러나는 측정 선으로 시간 을 쟀답니다. 북미 원주민 중에는 다른 방법으로 물시계를 사용하는 부족도 있 었어요. 그들은 물통에 구멍이 뚫린 그 릇을 띄운 후, 그릇이 가라앉은 데 얼 마나 걸리는지 보면서 시간을 측정 했답니다.

해시계

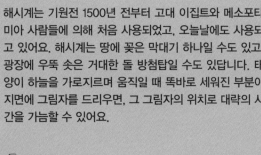

해시계는 기원전 1500년 전부터 고대 이집트와 메소포타 미아 사람들에 의해 처음 사용되었고, 오늘날에도 사용되 고 있어요. 해시계는 땅에 꽂은 막대기 하나일 수도 있고, 광장에 우뚝 솟은 거대한 돌 방첨탑일 수도 있답니다. 태 양이 하늘을 가로지르며 움직일 때 똑바로 세워진 부분이 지면에 그림자를 드리우면, 그 그림자의 위치로 대략의 시 간을 가늠할 수 있어요.

초, 오일, 및 향을
이용한 시계

초시계는 중국에서 520년경에 사용되 었어요. 밀랍에 시간 간격을 나타내는 표시를 해두고 초가 타면서 표시가 녹 는 것을 보면서 시간을 측정했죠. 오일 램프를 이용한 시계는 램프의 연료통에 시간을 표시했답니다. 중국에서 사용했 던 향시계는 매시간 다른 향을 풍겼다 고 해요.

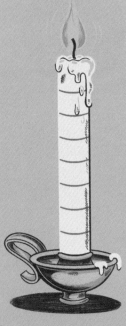

기계식 시계

기계식 시계는 중세 시대에 발명되 었어요. 기계식 시계는 톱니바퀴, 기 어, 스프링에 부착된 추로 작동한답 니다. 추가 천천히 아래로 떨어지면 서 메커니즘을 작동시켜 다이얼 주 위의 바늘이 일정한 속도로 회전해 요. 교회 탑이나 마을 건물 안에 있 는 큰 종소리가 울리는 시계는 마 을 사람들에게 시간을 알려주는 역 할을 했답니다.

초기 시계에는 시침만 있었어요.

진자 시계

이탈리아의 천문학자이자 과학자, 그리고 공학자였던 갈릴레오 갈릴레이^{Galileo Galilei}는 시계 아래에 진자를 매달아 두면 정확한 시간을 측정할 수 있다는 사실을 처음 깨달았어요. 하지만 1656년에 처음으로 제대로 작동하는 진자 시계를 만든 사람은 네덜란드의 발명가 크리스티안 하위헌스^{Christiaan Huygens}였답니다. 키 큰 괘종시계처럼 진자를 사용한 시계는 이전의 그 어떤 방식보다 시간을 정확하게 측정했답니다.

휴대용 시계와 회중시계

시계 제작자의 숙련도가 높아지고, 금속 세공인들이 더 작은 크기의 부품을 만들 수 있게 되면서 시계는 더 작고 정확해졌어요. 덕분에 누구나 시계를 가지고 다닐 수 있게 되었답니다. 17세기부터 시계는 주머니에 넣고 다닐 수 있을 정도로 작아졌어요. 태엽 손목시계는 1900년대 초부터 큰 인기를 끌기 시작했답니다.

쿼츠 시계

최초의 쿼츠 시계는 1927년에, 최초의 쿼츠 손목시계는 1969년에 발명되었답니다. 쿼츠, 즉 수정 크리스털은 배터리로 전기를 충전시키면 진동했고, 이 진동을 통해 시간을 매우 정확하게 측정할 수 있었답니다. 덕분에 쿼츠 시계는 10년에 1초의 오차만 발생한다고 해요. 현대에 사용하는 대부분의 시계는 배터리로 작동한답니다.

수정 결정 발진기

세슘-133을 이용한 시계 같은 초기의 원자시계는 크기가 엄청나게 컸답니다.

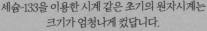

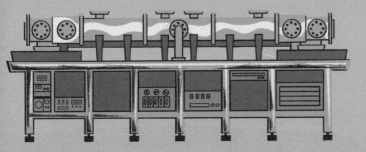

원자시계

원자시계는 지금까지 발명된 그 어떤 시계보다도 시간을 정확하게 측정한답니다. 1940년대 후반에 미국의 과학자들은 원자를 이용해서 시간을 측정하는 방식을 고안해 냈어요. 물질의 가장 작은 단위인 원자는 놀라우리만큼 일정한 속도로 진동한답니다. 이 진동을 이용한 전자시계는 시간을 어찌나 정확하게 측정하는지 330억 년마다 1초 미만의 오차를 보인다고 해요.

전구

"세상을 밝히는 빛"

수 세기 동안 우리는 집 안의 조명 밝히기 위해 촛불이나 횃불, 또는 석유램프에 의존했어요. 그렇지만 이제는 스위치를 누르기만 하면 불을 켤 수 있죠. 이는 정말 간단해 보이지만 제대로 작동하는 전구를 발명하기까지는 오랜 세월 동안 고된 실험 과정을 거쳐야 했답니다. 1802년에 영국의 화학자 험프리 데이비Humphry Davy는 숯으로 만든 전극에 전류를 흘려보내서 불을 켜는 전구를 만들었어요. 그러지만 그가 만든 '아크 등'은 열을 많이 발생시키고 오래 지속되지 못했어요. 그렇지만 그의 발견은 여러 발명가들에게 영감을 주었답니다. 1840년에 영국의 과학자 워렌 드 라 루Warren De la Rue는 진공으로 밀봉한 유리 튜브를 사용해서 오래 지속되는 전구를 만들었어요. 유리 튜브는 빛을 내는 얇은 금속 조각인 백금 필라멘트를 보호하는 역할을 했답니다. 그렇지만 백금은 비용이 너무 비싸서 실용적이지 못했어요. 거듭되는 실패에도 불구하고 과학자들은 오래 지속되고 실용적이면서도 저렴한 전구로 세상을 바꾸겠다는 목표에 가까워지고 있었답니다. 1878년에 영국의 화학자 조셉 스완Joseph Swan이 수많은 실험 끝에 탄화 종이로 만든 필라멘트를 만들었지만 금방 타서 꺼져버리는 게 문제였어요. 미국의 발명가 토마스 에디슨은 스완의 연구를 바탕으로 완벽한 진공관 안에 식물성 필라멘트를 넣으면 놀랍게도 1,200 시간 동안 쾌적한 빛을 발산한다는 사실을 발견했답니다. 결국 스완과 에디슨은 서로 손잡고 '에디스완'이라는 이름의 전구를 판매하기 시작했어요. 이제 스위치만 누르면 불을 켤 수 있는 시대가 열린 것이었어요.

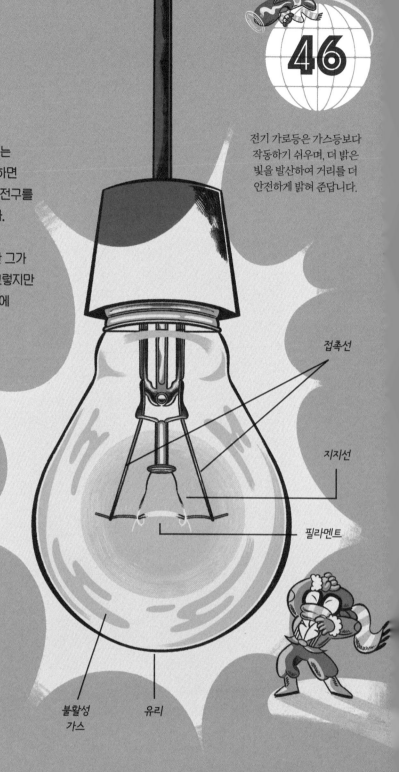

전기 가로등은 가스등보다 작동하기 쉬우며, 더 밝은 빛을 발산하여 거리를 더 안전하게 밝혀 준답니다.

접촉선

지지선

필라멘트

불활성 가스

유리

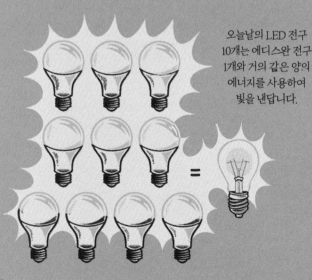

오늘날의 LED 전구 10개는 에디스완 전구 1개와 거의 같은 양의 에너지를 사용하여 빛을 낸답니다.

현대의 조명

필라멘트를 가열하여 빛을 내는 백열전구의 문제점은 열때문에 많은 에너지가 낭비된다는 점이었어요. 이로 인해 비용이 너무 많이 들었답니다. 오늘날 우리가 사용하는 전구는 이보다 훨씬 더 효율적이에요. 2008년에 처음 출시된 LED(발광 다이오드) 전구는 기존보다 전기 사용량이 80%나 적었고, 수명은 무려 25,000시간에 달했어요. 그뿐만 아니라 열이 많이 나지 않아 손으로 만져도 화상을 입지 않았답니다.

56

화약

"불꽃놀이와 전쟁에 사용되는 폭발 가루"

화약은 9세기에 중국의 연금술사들이 불로장생의 묘약을 만들려고 시도하는 중 발명된 것으로 알려져 있어요. 실제로 화약을 뜻하는 중국어 '후워야오'는 '불의 약' 이라는 뜻이랍니다. 생명의 연장을 위해 유황과 초석 (자연적으로 발생하는 광물), 그리고 숯을 섞어 오랜 실험을 걸쳐 만든 물질이 아이러니하게도 생명을 빼앗는 폭발성 물질의 발명으로 이어졌던 것이죠. 중국인들은 밝은 불빛과 시끄러운 폭발음으로 극적인 효과를 줄 수 있는 화약을 이용해서 오늘날 우리가 하는 것과 비슷한 불꽃놀이를 즐겼어요. 화약으로 채운 대나무 막대를 불 위에 던지면, 화약에 불이 붙으면서 불꽃이 튀어 막대가 공중으로 날아갔답니다. 하지만 이런 불꽃놀이가 단순한 오락용은 아니었어요. 중국인들은 악귀를 쫓아내고 출산과 결혼식을 축하하는 데 불꽃놀이를 사용했답니다.

현대의 불꽃놀이는 알록달록한 색상으로 다채로운 장면을 연출하기 위해 화학물질을 사용해요. 구리 염은 파란색, 스트론튬 염은 빨간색, 바륨 염은 초록색을 낸답니다.

화염, 탄환, 그리고 연기

화약은 치명적인 무기로 변신해서 전쟁의 양상을 변화시키기도 했어요. 10세기 무렵 중국인들은 화살에 불을 붙여 쏘기 시작했고, 이것이 최초의 폭발성 발사체가 되었답니다. 12세기와 13세기에는 몽골인과 중국인이 손으로 던지는 최초의 폭탄과 벽을 부술 만큼 강력한 대포를 만들어 사용했답니다. 대포는 화약의 폭발력을 이용해 단단한 철로 만든 공을 수평으로 쏴서 성벽을 부수었어요. 박격포는 수직으로 발사체를 쏘아 올려서 성벽 안에 치명타를 입혔답니다. 손으로 들고 다닐 수 있는 총은 장전 속도가 느리고 폭발사고도 빈번하게 일어나긴 했지만, 금속으로 만들어진 총알은 갑옷에 구멍을 뚫거나 전사를 말에서 떨어뜨릴 정도로 강력했어요.

섬유

"아름다운 직조"

모로코에서 발견된 특수한 모양의 뼈는 약 12만 년 전의 인류가 동물 가죽으로 만든 옷을 입었다는 사실을 보여 줘요. 75,000년 전에 만들어진 것으로 추정되는 현존하는 가장 오래된 바늘은 남아프리카에서 발견되었으며, 프랑스와 러시아에서도 여러 개의 바늘이 발견되었답니다. 실을 엮거나, 뜨개질하거나, 기계를 이용해서 천으로 만든 직조물은 훨씬 후에 등장했어요. 가장 오래된 직조물 조각은 페루에서 발견되었답니다. 식물성 재료로 만들어져 바구니, 바닥 깔개, 또는 침구류 등으로 사용되었을 것으로 추정되는 이 직물은 약 12,000년 전에 만들어진 것으로 보여져요. 6,000년 이상 된 것으로 밝혀진 가장 오래된 염색 면직물 조각도 페루에서 발견되었어요. 인디고(식물에서 추출한 염료)를 이용해서 파란색으로 물들인 이 아름다운 직물을 보면 고대 남미인들의 기술과 노하우를 엿볼 수 있답니다. 인도, 아프리카, 중국, 아메리카, 유럽 등 고대 세계 곳곳에서 직물은 문명에 따라 독자적으로 발전했어요. 모든 역사를 통틀어 사람들은 언제나 몸을 가리고, 체온을 유지하고, 남들보다 돋보이려고 옷을 만들어 입어 왔어요. 그래서 지금 이 순간에도 직물 제작 기술은 끊임없이 발전하고 진화하고 있답니다.

페루에서 직조된 천

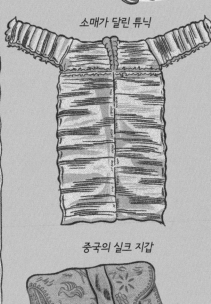
소매가 달린 튜닉

중국의 실크 지갑

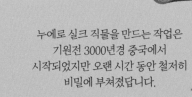
모직 양말

누에로 실크 직물을 만드는 작업은 기원전 3000년경 중국에서 시작되었지만 오랜 시간 동안 철저히 비밀에 부쳐졌답니다.

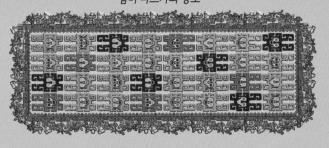
남미 나스카의 망토

방직기술

직물은 목화나 아마 같은 식물성 재료, 양모나 비단 같은 동물성 재료, 또는 아크릴이나 나일론 같은 인공 재료로 만들 수 있어요. 이러한 재료를 제일 먼저 물레 등에 돌려서 길고 튼튼한 원사나 실로 만들어요. 그런 다음 이 원사나 실을 엮어 직물로 만든답니다. 이런 과정은 '직기'라고 불리는 기계를 통해 이루어지며, 직기는 자동화시키거나 손으로 직접 조작할 수 있어요. 이렇게 만든 직물은 세척한 후 염색하거나 무늬를 넣어주어요. 여기까지 하고 나면 이제 직물로 옷이나 러그 등 여러 가지 다양한 제품을 만들 준비가 끝났답니다.

텔레비전

"홈 엔터테인먼트 상자"

전선으로 소리를 전송할 수 있다면, 이미지도 전송할 수 있는 것일까요? 전보와 전화가 발명된 후 과학자들은 스스로에게 이런 질문을 던지기 시작했어요(47페이지 참조). 1883년 독일의 발명가 폴 닙코프Paul Nipkow는 '전기 망원경'이라고 불리는 회전 디스크를 발명했어요. 이 회전 디스크는 전선을 통해 전송된 흑백 이미지를 투사해 주는 기계였답니다. 닙코프의 발명품은 텔레비전의 발전에 중요한 계기가 되었지만, 실제로 작동하는 최초의 텔레비전은 이후 많은 시간이 지난 후에야 등장했어요. 1900년대 초에 여러 명의 과학자들이 서로의 아이디어를 보완해 가며 텔레비전을 만들기 시작했고, 1925년에 스코틀랜드의 발명가 존 로지 베어드John Logie Baird가 낡은 차 상자, 모자 상자, 비스킷 통, 자전거 램프, 닙코프의 전기 망원경 등을 사용해서 최초로 제대로 작동하는 텔레비전을 만들었답니다. 베어드는 움직이는 사람 얼굴 이미지를 전송하여 자신의 발명품을 시연했고, 1928년에는 컬러 텔레비전을 선보이기까지 했답니다. 이후 텔레비전은 점점 더 발전하여 화질이 선명해지고, 소리도 추가되었으며, 여러 방송국에서 텔레비전으로 송출할 수 있는 연극과 드라마를 제작하기 시작했어요. 사람들은 각자 텔레비전 키트를 구매해서 직접 조립한 후 그 앞에 앉아 눈앞에서 펼쳐지는 흑백 화면을 넋을 잃고 바라보았답니다.

최초로 대량 생산된 포켓 사이즈 휴대용 TV는 1982년에 출시되었어요. '쏘니 워치맨'은 무게가 650그램이었고, 흑백으로만 나오는 화면은 5센티미터였답니다.

텔레비전 시대의 도래

1930년대가 되자 닙코프의 기계식 디스크가 전기식 음극선관 기술로 대체되면서 텔레비전은 훨씬 더 선명한 이미지를 만들 수 있게 되었어요. 1950년대가 되자 가격이 무척 저렴해지고 컬러 텔레비전도 보급되면서 특히 미국에서 텔레비전은 무척 인기를 끌게 되었답니다. 오늘날에는 전 세계 거의 모든 가정마다 만화나 코미디부터 다큐멘터리, 드라마에 이르기까지 온갖 종류의 프로그램을 시청할 수 있는 컬러 텔레비전을 보유하고 있어요. 그렇지만 텔레비전을 너무 많이 보지는 마세요! 눈이 나빠질 수 있으니까요.

육분의

"바다에서 길 찾기"

망망대해를 항해할 때 눈에 보이는 게 바다뿐이라면 자신의 위치를 어떻게 파악할 수 있을까요? 선박의 발명(68페이지 참조) 이후 수천 년 동안 선원들은 가능한 해안이 보이는 경로로만 배를 움직였어요. 이런 방식으로 선박은 길을 잃지 않고 항구에서 항구로 이동할 수 있었답니다. 그러나 망망대해에서 자신의 위치를 파악하려면 두 가지를 알아야 하는데, 그게 바로 '위도'와 '경도' 랍니다. 위도는 북극과 남극의 중간에 있는 가상의 선 '적도'로부터 자신이 북쪽으로, 혹은 남쪽으로 얼마나 치우쳐져 있는지를 파악할 수 있게 해 준답니다. '경도'는 영국의 그리니치를 세로로 가르는 선 '자오선'으로부터 자신이 동쪽, 또는 서쪽으로 얼마나 치우쳐져 있는지를 파악할 수 있게 해 주어요. 1750년대에 처음 만들어진 육분의는 선원들이 자신이 위치한 위도를 파악할 수 있도록 해 주었어요. 1760년대 초에 발명된 크로노미터는 경도를 측정할 수 있게 해 주었답니다. 이 두 개의 발명품은 선원들이 해안으로부터 수천 킬로미터 떨어진 머나먼 바다에서도 자신의 정확한 위치를 파악할 수 있게 해줌으로써 새로운 해양 탐험의 시대를 열었답니다.

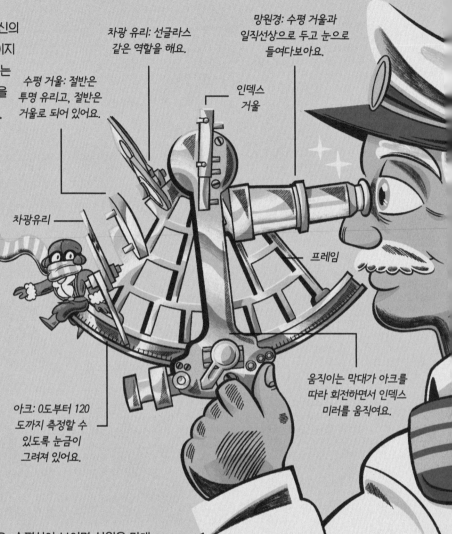

차광 유리: 선글라스 같은 역할을 해요.

망원경: 수평 거울과 일직선상으로 두고 눈으로 들여다보아요.

수평 거울: 절반은 투명 유리고, 절반은 거울로 되어 있어요.

인덱스 거울

차광유리

프레임

아크: 0도부터 120도까지 측정할 수 있도록 눈금이 그려져 있어요.

움직이는 막대가 아크를 따라 회전하면서 인덱스 미러를 움직여요.

육분의 작동 원리

선원이 육분의 망원경을 눈에 대면 수평 거울이 보여요. 수평선이 보이면 선원은 막대를 움직여 수평선과 태양(또는 달이나 별)이 일직선이 되도록 시야를 조정해요. 이때 막대가 가리키는 육분의 눈금을 보면 수평선과 태양 간의 각도를 알 수 있어요. 선원이 이 각도와 측정 시간을 참조해서 현재의 위도를 구할 수 있답니다. 그리고 크로노미터를 사용해서 경도를 계산하면 선원은 자신의 위치를 수백 미터 이내의 오차범위로 정확하게 파악할 수 있답니다.

1. 육분의를 들고 망원경을 통해 수평선을 바라봐요.

2. 막대를 움직여서 태양의 아래쪽 가장자리를 수평선과 정렬시켜요.

3. 육분의를 돌려가며 태양과 수평선이 일직선이 되었는지 확인한 후, 눈금으로 표시된 각도를 읽어요.

영국의 천재 아이작 뉴턴 경Sir Isaac Newton은 일종의 육분의를 설계했지만 자신의 아이디어를 발표하지는 않았어요. 1730년에 영국인 존 해들리John Hadley와 미국인 토마스 고드프리Thomas Godfrey가 각자 독립적으로 육분의를 동시에 개발했답니다.

비디오 게임 콘솔

"시간 가는 줄 모르는 즐거움"

최초의 컴퓨터 게임에는 아주 기본적인 그래픽만 있을 뿐 사운드도 없었답니다. 1950~60년대에 처음 개발된 컴퓨터 게임은 실행하려면 거대한 컴퓨터가 필요했어요. 독일 태생의 랄프 베어^{Ralph Baer}가 텔레비전 화면으로 게임을 할 수 있다는 발상을 처음 떠올렸어요. 그가 만든 '브라운 박스'는 오늘날의 콘솔과 마찬가지로 두 개의 컨트롤러가 달려 있었고, 여러 가지 게임을 할 수 있도록 만들어졌어요. 1972년이 되자 베어는 자신의 아이디어를 더욱 발전시켜 최초의 콘솔 게임인 '마그나복스 오디세이'

텔레비전 오버레이: 게임을 할 때마다 '오버레이'라고 불리는 게임의 그래픽을 대신하는 셀로판지를 흑백텔레비전 화면에 붙여야 했어요. 그러면 컬러로 된 그래픽을 즐기며 게임을 할 수 있었답니다.

를 출시했어요. 이 게임의 대부분은 테니스나 배구, 탁구 같은 스포츠를 기반으로 만든 것이었답니다. 두 명의 플레이어가 라켓이나 배트(검은색 화면에 움직이는 두 개의 흰색 선)를 조종해서 공(움직이는 흰색 네모)을 치는 방식이었어요. 마그나복스 오디세이는 크게 히트치지는 못했지만 콘솔 게임의 시대를 여는 데는 성공했답니다.

컨트롤러: 옆에 붙어 있는 다이얼을 돌려서 텔레비전 화면에 보이는 하얀 점을 조작했어요.

콘솔: 텔레비전에 연결한 후 게임 카트리지를 슬롯에 꽂아서 사용했어요.

홈 엔터테인먼트

오디세이가 출시된 이후 콘솔 게임은 계속해서 발전해 왔어요. 기업들은 잘 팔리는 기기와 흥미진진한 게임을 만들기 위해 치열하게 경쟁했죠. 컬러 그래픽과 사운드를 즐기며 게임을 할 수 있는 콘솔은 1970년대 후반에 등장했답니다. 최초의 휴대용 게임기가 1979년에 등장했고, 몇 년 후에는 지금은 고전이 된 '테트리스'나 '팩맨' 같은 게임이 출시되었어요. 마이크로소프트의 '엑스박스'나 소니의 '플레이스테이션' 같은 최신형 비디오 게임 콘솔은 사실적인 그래픽을 자랑할 뿐 아니라 수백 개의 레벨로 게임을 실행할 수도 있답니다.

플라스틱

"놀라운 소재"

인공 플라스틱은 우리 주변 어디에서든 찾아볼 수 있어요. 택배를 포장할 때 쓰는 테이프, 옷, 병, 빗 등 플라스틱은 많은 곳에 사용되고 있어요. 그런데 플라스틱이 식물, 동물의 뿔, 조개껍데기 등에 천연 상태로 존재한다는 사실을 아나요? 플라스틱이 특별한 이유는 '폴리머'라고 불리는 길고 유연한 분자 사슬이 소재를 튼튼하면서도 가볍게 만들어 주기 때문이에요. 1869년에 미국인 존 웨슬리 하야트[John Wesley Hyatt]가 식물에서 발견한 '셀룰로오스'라는 부드러운 물질을 굳혀서 '셀룰로이드'라는 방수 소재를 만들었어요. 합성(천연이 아닌) 플라스틱을 처음으로 제조한 사람은 벨기에 태생의 미국인 레오 베이클랜드[Leo Baekeland]인데, 1907년에 콜타르에서 추출한 폐기물과 포름알데히드를 섞어 '베이클라이트'라고 불렀어요. 1839년에는 우리가 포장재로 사용하는 부드럽고 가벼운 '폴리스티렌'이, 1872년에는 샤워 커튼에 사용하는 유연하면서도 튼튼한 '비닐'이, 1898년에는 세계에서 가장 많이 생산되며 포장재로 사용되는 '폴리에틸렌'이 개발되었고, 1928년에는 항공기 창문에 사용되는 투명하고 깨지지 않는 '아크릴'이 개발되는 등 많은 종류의 플라스틱이 만들어졌어요.

약 3,500년 전 고무나무에서 추출한 액체 '라텍스'를 사용했던 멕시코의 올멕족이 천연 플라스틱을 최초로 사용한 사람들이었답니다.

플라스틱의 문제점

플라스틱 생산이 무척 값싸지면서 쇼핑백이나 빨대 등 많은 플라스틱 제품이 일회용으로 만들어졌어요. 사람들은 매년 약 4억 톤의 플라스틱을 생산하고 있으며, 이 중 엄청난 양이 바다로 흘러 들어가 해양 동식물을 중독시키거나 질식시키고 있답니다. 현재 우리가 생산하는 플라스틱은 분해되는 데 몇백 년이 걸리고, 분해된다고 해도 '미세 플라스틱'이라고 불리는 작은 플라스틱 입자로 떠돌아다닌다고 해요. 우리가 할 수 있는 일은 재활용품을 늘리고, 일회용 플라스틱을 덜 사용하는 것이에요. 플라스틱을 만드는 회사들도 자연 분해가 가능한 '생분해성' 플라스틱이나, 플라스틱을 대체할 수 있는 물질을 더 많이 만드는 방식으로 이에 동참할 수 있답니다. 최근 들어 과학자들이 플라스틱을 분해할 수 있는 유기체도 발견했다고 해요. 어쩌면 이 유기체가 향후 플라스틱 폐기물 문제를 해결하는 실마리가 될 수도 있답니다.

냉장고

"새로운 빙하기"

인류는 아주 오래전부터 음식을 시원한 개울이나 동굴, 지하실, 식료품 저장고에 보관하면 신선도를 유지하는 데 도움이 된다는 사실을 알고 있었어요. 1748년에 스코틀랜드의 의사이자 교수였던 윌리엄 컬렌^{William Cullen}이 처음으로 밀폐 용기 안에 '디에틸에테르'라는 액체 화학 물질을 끓여 인공적인 냉장 방법을 시연했답니다. 디에틸에테르가 끓다가 증발하자 주변의 온도가 크게 내려가 용기 내부에 얼음이 생겼어요! 그러나 컬렌은 자신의 발명을 더 발전시키지는 않았답니다. 1805년에 미국의 발명가 올리버 에반스^{Oliver Evans}가 처음으로 음식과 음료를 차갑게 보존할 수 있는 냉장고에 관한 아이디어를 생각해 냈어요. 그가 고안한 냉장고는 밀폐된 파이프 시스템 안에 공기를 차갑게 하는 데 필요한 화학 물질을 보관하는 방식으로 지속적으로 작동할 수 있었답니다. 그러나 에반스의 아이디어는 실제 냉장고 제작으로 이어지지는 않았어요. 1834년에 미국의 발명가 제이콥 퍼킨스^{Jacob Perkins}가 에반스의 설계를 바탕으로 처음으로 냉장고를 만들었답니다. 전기로 작동되는 최초의 가정용 냉장고는 1913년에 등장했어요. 초기의 냉장고는 가격이 매우 비쌌을 뿐 아니라 위험한 화학 물질을 사용했어요. 그렇지만 여러 똑똑한 발명가들 덕분에 냉장고는 끊임없이 개선되었고, 오늘날 우리가 주방에서 사용하는 에너지 효율적이고, 얼음도 만들 수 있으며, 문을 열자마자 내부 조명이 켜지는 냉장고에 이르기까지 발전하게 되었답니다.

냉장고의 차가운 온도가 부패를 유발하는 박테리아의 성장을 늦춰 음식을 신선하게 유지해 주어요.

1930년대 후반에 미국의 흑인 발명가 프레드릭 존스^{Frederick Jones}가 트럭에 설치할 수 있는 휴대용 냉장고를 개발했어요. 이를 통해 장거리 여행에 필요한 음식과 수혈용 혈액을 상하지 않도록 보관할 수 있었답니다.

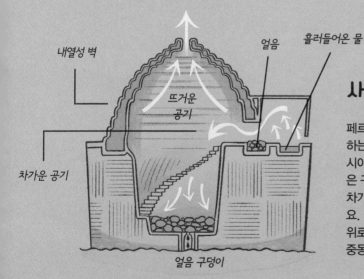

내열성 벽

뜨거운 공기

얼음

흘러들어온 물

차가운 공기

얼음 구덩이

사막의 얼음구덩이

페르시아 제국(현대의 이란)은 음식을 차갑게 보관하거나 얼음을 만들어 저장하는 데 화학 물질이나 전기가 필요하지 않았답니다. 기원전 400년경에 페르시아 문명은 '얼음 구덩이'라는 뜻의 '야크찰'을 지어 사용하고 있어요. 야크찰은 구덩이를 내열성 모르타르로 덮은 커다란 돔형 구조물이었답니다. 겨울에는 차가운 물이 야크찰 안으로 흘러 들어와 밤새 얼어붙은 후 구덩이로 떨어졌어요. 벽의 구멍을 통해 들어온 차가운 공기는 바닥으로 가라앉고, 더운 공기는 위로 올라가서 지붕의 구멍으로 빠져나갔답니다. 이런 과정을 통해 야크찰은 중동 사막의 불볕더위 속에서도 차갑게 유지될 수 있었어요.

지도 "길 찾기 도우미"

수천 년 동안 인류는 별과 지형지물, 그리고 마을과 도시를 그린 2차원적 지도에 주변 환경을 기록해 왔어요. 이후 사람들은 넓은 지역을 탐험할 수 있게 되었고, 지도는 점점 확장되어 국가와 대륙, 그리고 마침내는 전 세계가 등장하기에 이르렀답니다. 현재 남아있는 가장 오래된 지도 중 하나는 프랑스의 동굴 벽에 그려져 있어요. 약 16,500년 전에 만들어진 이 지도에는 '플레이아데스 성단'을 비롯한 별들의 위치가 표시된 것으로 보여요. 가지고 다닐 수 있는 지도 중 가장 오래된 것은 이보다도 더 오래전인 약 25,000년 전에 만들어진 것으로 추정된답니다. 털매머드의 엄니에 새겨진 이 지도는 강가를 따라 늘어서 있었던 집들의 위치를 표시한 것으로 보여요. 고대 메소포타미아의 수메르 제국(오늘날의 이라크 남부)이 기원전 1500년경에 만든 것으로 보이는 정교한 지도는 점토판에 새겨져 있답니다. 설형문자(29페이지와 70페이지 참조)로 표기된 이 지도에는 왕의 영지로 둘러싸인 '니푸르'라는 도시가 그려져 있어요. 기원전 1150년경에 만들어진 고대 이집트 지도 '토리노 파피루스'에는 암석 종류별로 정확한 위치가 표시되어 있어서 채석장의 위치를 결정하는 데 사용되었답니다. 인류 최초의 세계 지도는 기원전 500년경에 고대 그리스의 지도 제작자 '아낙시만드로스 Anaximander'가 만든 것으로 추정되고 있어요. 당시 그리스인들이 생각한 세계의 모습이 그려진 이 지도에는 아프리카, 유럽, 그리고 아시아 대륙만이 바다로 둘러싸여 있답니다. 오늘날에는 항공기와 인공위성으로 촬영한 사진과 이미지를 통해 지구 표면의 모습을 매우 정확하게 표현할 수 있게 되었어요.

고고학자들은 라스코 동굴 벽화에 '여름의 대삼각형'이라고 불리는 별들과 '플레이아데스성단'의 위치가 그려져 있다고 생각해요.

토리노 파피루스 지도에는 다양한 암석의 종류뿐 아니라 땅의 높낮이까지 표시되어 있어요. 심지어 고대 금광의 위치도 표시되어 있답니다!

매머드 뼈로 만든 지도에 그려진 선은 당시 강의 모습을 표현한 것이에요.

세계 지도

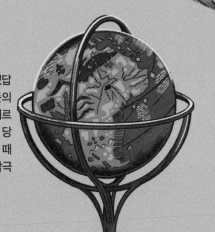

현존하는 가장 오래된 지구본은 1492년에 만들어졌답니다. 이 지구본에는 독일어로 '대지의 사과'라는 뜻의 '에르답펠'이라는 이름이 붙여졌답니다. 그런데 '에르답펠'의 모습은 현대의 지구본과는 아주 달랐어요. 당시에는 지구의 많은 부분이 아직 탐험되지 않았기 때문에 지도 제작자들이 아메리카, 오스트레일리아, 남극 같은 대륙이 존재한다는 사실조차 몰랐답니다.

아낙시만드로스는 지구가 원통 모양으로 생겼고, 인간은 평평한 윗면에 살고 있다고 생각했대요. 기원전 3세기가 되자 고대 그리스인은 지구가 둥글다는 것을 알게 되었지만 여전히 많은 사람들은 지구가 평평하다고 생각했답니다.

GPS

"나의 위치 알리미"

GPS(위성 위치 확인 시스템)는 전 세계를 우리의 주머니 안에 쏙 넣어 주었답니다. GPS는 우주에 쏘아 올린 위성 네트워크와 지상에 있는 수신기를 사용해서 나의 현재 위치를 언제 어디에서나 몇 미터 단위까지 정확하게 파악할 수 있도록 해주는 내비게이션 시스템이에요. GPS만 있으면 가장 가까운 영화관이든, 지구 반대편이든 원하는 곳 어디로나 길 안내를 받을 수 있답니다. GPS는 1950년대 후반에 미군이 잠수함의 위치 추적을 하기 위해 처음 개발을 시작했어요. 이후 많은 사람들이 이 개발에 참여했고, 1980년대에는 전 세계 누구나 무료로 이용할 수 있게 되었답니다. GPS를 고안한 사람 중 한 명인 이반 게팅Ivan Getting은 위성을 '하늘의 등대'라고 여기며 이 시스템의 작동 원리를 제시했다고 해요. 이제는 스마트폰, 태블릿, 컴퓨터, 차량용 내비게이션을 통해 GPS를 사용할 수 있게 되었어요. GPS는 종이 지도보다 훨씬 더 쉽게 사용자가 자신의 위치와 움직임을 파악할 수 있게 해주고, 목적지까지 가장 빠른 경로를 알려주며, 교통 체증이나 우회 경로에 관한 최신 정보를 제공한답니다.

지상국에서 레이더(86페이지 참조)를 사용하여 위성을 모니터링하고 제어해요.

휴대폰 등에 내장된 GPS 수신기는 항상 위성의 신호를 수신하고 있어요. 수신기가 4개 이상의 위성으로부터의 거리를 계산해서 파악하면 현재 위치를 정확하게 알 수 있답니다.

숨겨진 인물

GPS의 탄생에 중요한 공헌을 한 사람은 미국의 흑인 수학자 글래디스 웨스트Gladys West 박사랍니다. 1956년에 미 해군에서 일하기 시작한 그녀는 유능한 컴퓨터 프로그래머이자 위성 데이터 분석가였어요. 그녀의 연구는 지구의 모양을 정확하게 측정하는 작업에 크게 기여하였고, 그 결과 GPS의 정확도가 매우 높아졌답니다.

샌드위치

"간단하지만 맛있는 식사"

전 세계 사람들은 수 세기 동안, 어쩌면 빵이 존재한 기간만큼이나 오래도록 빵 안에 다양한 종류의 맛있는 재료를 넣어 먹었답니다. 오늘날 샌드위치는 세계에서 가장 인기 있는 음식 중 하나이며, 매일 수억 개의 샌드위치가 만들어지고 있어요. 그런데 샌드위치가 왜 한 끼 식사로 이렇게 인기 있는 걸까요? 샌드위치는 만들기 쉽고, 들고 다니기 간편하고, 달콤하든 짭짤하든 원하는 어떤 재료라도 속에 넣어 맛있게 즐길 수 있기 때문이죠. 우리가 알고 있는 샌드위치 중 가장 오래된 것은 기원전 1세기에 유대인 종교 지도자 힐렐Hillel the Elder이 발명했어요. 그는 두 개의 무교병(누룩을 넣지 않은 유대인의 빵-옮긴이) 안에 양고기와 허브를 넣어 먹자고 제안했다고 해요. 오늘날 가장 인기 있는 샌드위치 속 재료에는 육류, 치즈, 생선, 샐러드, 피클, 각종 소스, 그리고 땅콩버터와 잼 등이 포함된답니다. 이 글을 읽다 보니 배가 고파졌을지도 모르겠어요. 이제 여러분이 가장 좋아하는 샌드위치를 만들어 보세요!

1920년대에 미리 썰어진 식빵이 개발되어 샌드위치를 더 쉽고 빠르게 만들 수 있게 해 주었어요. 빵 칼을 사용할 필요가 없었기 때문에 안전하기도 했답니다.

샌드위치의 유행

그렇다면 샌드위치는 언제부터 '샌드위치'라고 불리기 시작했을까요? 전해져 내려오는 이야기에 따르면 1700년대 후반에 살았던 영국 귀족이자 샌드위치 4대 백작이었던 존 몬태규는 친구들과 카드 게임을 하고 있었는데, 식사 시간이 되자 게임을 멈추고 싶지 않아서 요리사에게 빵 두 조각 안에 고기를 넣어달라고 부탁했대요. 이렇게 하면 한 손으로 식사를 하고, 다른 손으로는 카드 게임을 계속할 수 있었으니까요. 이 아이디어는 곧 영국 귀족들 사이에서 인기를 끌게 되었고, 유럽 전역으로 퍼져나갔어요. 그리고 이 음식은 샌드위치 백작 덕분에 '샌드위치'라고 불리게 되었답니다.

무술

"전투 개시"

초기 인류는 생존하기 위해서는 힘으로 다른 사람과 동물을 상대로 싸워 이길 수 있어야 했어요. 시간이 흐르면서 이런 전투 능력은 체계화되었고 다른 사람에게 전수해 줄 수도 있을 정도로 발전하게 되었답니다. 레슬링과 복싱은 가장 오래된 격투 스포츠로 알려져 있어요. 레슬링과 복싱의 초기 형태인 말라-유다는 인도에서 시작되었어요. 사람들은 무술은 일반적으로 동아시아 문화와 연관되어 있다고 생각하지만, 꼭 그런 것만은 아니에요. 다만 일곱 국가 간의 치열한 전투가 일상적으로 벌어졌던 중국의 전국 시대(기원전 475~221년)때 아시아에서 전투 기술이 많이 발전한 것은 맞습니다. 발차기, 주먹지르기, 레슬링, 무기 사용 등이 조합된 무술이 이때 생겨났어요. 오늘날 전 세계적으로 잘 알려진 쿵후, 가라데, 유도, 주짓수 같은 무술은 비교적 역사가 짧은 편이랍니다. 그 외의 무술로는 인도네시아의 '펜캇 실랏', 하와이의 '루아', 프랑스의 '사바트', 브라질의 '카포에라', 인도의 '칼라리파야트' 등이 있어요.

무술이라는 뜻의 영어 단어 '마셜martial'은 로마의 전쟁의 신 '마르스'의 이름에서 유래했어요.

모든 무술의 목적은 하나예요. 그건 신체의 힘을 이용하여 상대를 물리치거나, 물리적인 위협으로부터 스스로를 방어하는 것이랍니다.

올림픽 종목으로 채택된 무술

복싱과 레슬링이 결합된 격투 스포츠 '팡크라티온'에서는 금지된 기술이 거의 없답니다. 고대 그리스에서부터 존재해온 이 전통 무술은 기원전 648년에 올림픽 정식 종목으로 채택되기도 했어요. 이 무술은 신화 속 영웅 테세우스가 미노타우로스(인간의 몸을 하고 얼굴과 꼬리는 황소의 모습을 한 그리스 신화 속 괴물-옮긴이)를 죽이기 위해 사용한 기술에 그 뿌리를 두고 있다고 해요. 팡크라티온은 이로 물거나 눈을 찌르는 것 말고는 모든 기술이 허용된답니다. 팡크라티온은 올림픽 뿐 아니라 그리스 군대가 전술로 사용하기도 했어요.

선박

"망망대해를 항해하는 배"

화물은 육지보다 바다로 운송하는 것이 훨씬 빠르고 쉬워요. 그러니 인류가 수천 년 동안 여러 가지 종류의 배를 만들어 온 것은 그리 놀라운 일이 아니죠. 인류가 만든 선박 중 주목할 만한 설계를 몇 가지 보여 줄게요.

고대의 범선

고대 페니키아(현대의 레바논)와 이집트 사람들은 기원전 3000년부터 지중해로 진출해 이웃 국가들과 교역했답니다. 그들이 사용한 배에는 화물을 실을 수 있는 나무로 된 둥근 선체와 네모난 돛, 그리고 노를 젓는 노꾼이 있었고, 선미에 긴 노를 달아 방향을 조절했답니다. 이 배들은 주로 밝은 색상으로 칠해져 있었고, 앞쪽에는 나무로 조각한 인물상이 달려 있었어요.

폴리네시아의 항해용 카누

약 3,000년 전 동남아시아의 용감한 모험가들이 태평양을 탐험하기 위한 장대한 여정을 떠났답니다. 그들이 타고 있던 풍력을 이용한 항해용 카누는 두 개의 좁은 선체를 밧줄과 널빤지를 이어 붙여 만들었는데 놀라우리만큼 안정적이었어요. 각 선체는 조심스럽게 속을 파낸 나무기둥으로 만들어졌고, 세찬 파도를 헤쳐 나갈 수 있도록 날카로운 뱃머리가 달려있었답니다.

북유럽의 장선

'바이킹'이라고 불린 북유럽의 전사들은 서기 9세기경부터 최첨단 기술을 도입한 장선을 만들어 타고 다녔어요. 빠르게 움직일 수 있도록 날렵한 모양으로 만들어진 이 배에는 바람으로 동력을 얻을 수 있도록 돛이 달려 있었고, 바람이 불지 않을 때는 노를 저어 이동했답니다. 튼튼한 선체는 앞으로 또 뒤로도 움직일 수 있도록 설계되었고, 육지에서는 들고 운반할 수 있을 만큼 가벼웠어요.

정크선

전통적으로 중국에서 사용되던 목조 선박인 정크선은 기원전 200년경에 처음 등장했으며, 오늘날에는 모터를 달고 여전히 다니고 있답니다. 정크선의 튼튼한 돛과 선체, 그리고 쐐기 모양의 뱃머리는 거친 바다에서도 많은 화물을 운반할 수 있었고, 평평한 바닥 덕분에 얕은 바다에서도 정박할 수 있었어요. 식료품과 화물은 밀폐된 칸에 안전하게 적재할 수 있었답니다.

목조 전함

영국과 프랑스는 18세기와 19세기에 바다를 호령하는 강력한 해군을 보유한 국가였어요. 이들은 또한 거대한 전함 함대를 거느리고 자국의 해안과 무역로, 그리고 식민지를 보호했답니다. 어떤 전함에는 100문이 넘는 대포가 길게 늘어서 있기도 했어요. 이 대포는 단단한 금속 공을 발사하여 적의 배에 치명타를 입히고, 주변을 굉음과 불길, 그리고 연기로 가득 채우곤 했답니다.

클리퍼선

1800년대 중반 유럽에서는 차와 같이 중국에서 들여오는 사치품을 운송하기 위한 경쟁이 한창 치열하게 벌어지고 있었어요. 나무와 연철로 만든 좁은 선체와 날카로운 뱃머리를 가진 클리퍼선(돛이 여러 개 달린 빠른 범선-옮긴이)은 빠른 속도를 낼 수 있도록 고안되었답니다. 가장 빠른 클리퍼선 중 하나인 '커티삭호'는 시속 약 30킬로미터까지 낼 수 있었어요.

원양 여객선

사람들은 19세기부터 안정적인 증기 기관으로 구동되는 원양 여객선을 타고 전 세계를 여행할 수 있게 되었답니다. 가장 유명한 원양 여객선 중 하나는 '타이타닉 호'였어요. 1912년에 취항한 길이 269미터, 높이 53미터의 타이타닉 호는 승객과 승무원 2,200여 명을 태운 첫 항해에서 빙산에 부딪혀 침몰하고 말았답니다.

컨테이너선

1950년대 이전까지만 해도 모든 화물은 각기 다른 크기의 궤짝, 상자, 그리고 자루에 담겨진 채 선박에 실렸어요. 이런 방식은 비효율적이고 시간도 많이 소요되었답니다. 이후 같은 크기로 만들어 블록처럼 쌓아 올릴 수 있는 컨테이너가 발명되면서 이 문제는 해결되었어요.

숫자

"숫자와 자릿수, 그리고 소수점"

숫자는 수량을 나타나는 값으로, 흔히 기호(1)나 단어(일)로 표시된답니다. 숫자는 처음에는 동물의 수를 세는 것과 같이 단순한 일에 사용되었어요. 하지만 삶이 복잡해지면서 인류는 더 큰 숫자가 필요해졌답니다. 가장 오래된 숫자 세기의 유물은 남부 아프리카에서 발견된 약 4만 년 묵은 '개코원숭이 뼈'예요. 개코원숭이 다리뼈에 눈금이 새겨져 있는 이 유물은 각 눈금마다 하나의 물체를 집계한 것으로 추정되고 있어요. 메소포타미아 사람들은 기원전 3000년 전부터 점토판에 자국을 찍어 숫자 정보를 기록했어요. 이런 점토판에는 곡물이나 우유, 맥주 같은 상품의 부피와 무게는 물론, 땅 면적에 대한 세부 정보도 포함되어 있었답니다. 같은 시기에 고대 이집트인들은 숫자 10을 기반으로 한 다양한 값을 일련의 상형 문자(그림 기호)를 사용하여 표현하기 시작했어요. 큰 숫자를 표현하려면 필요한 만큼 기호를 반복해서 사용해야 했답니다. 고대 로마인은 기원전 8세기에서 9세기 사이에 개발된 일곱 개의 글자로 이루어진 숫자 체계를 사용했어요. 로마인은 이집트인과 마찬가지로 숫자 10을 기반으로 한 숫자를 사용했고, 더 큰 숫자를 표시해야 할 때는 문자를 반복해서 썼어요. 이 숫자 체계의 문제점은 값이 큰 숫자는 쓰기가 너무 복잡하다는 사실이었어요('1984'는 'MCMLXXXIV'처럼 표기해야 했어요).

개코원숭이 뼈에 있는 눈금은 아마도 날의 경과나 달의 주기를 측정하는 데 사용된 것으로 추정돼요.

'설형 문자'를 사용하는 메소포타미아의 수 체계는 60을 기준으로 해요. 60은 1, 2, 3, 4, 5, 6, 10, 12, 15, 20, 30, 60 등 여러 숫자로 나눌 수 있답니다. 이런 수체계는 오늘 날에도 시간(한 시간 = 60분)을 측정할 때 사용되고 있어요.

이집트의 수 체계

1 = 수직선
100 = 말아놓은 밧줄
10,000 = 손가락
1,000,000 = 양 팔을 든 신
10 = 가축 호블 (소를 묶을 때 쓰는 강한 끈)
1,000 = 수련
100,000 = 개구리

로마 숫자를 표기할 때는 언제나 큰 값이 먼저 나오고 작은 값이 뒤따른답니다. 같은 기호를 두 번 반복하면 값은 두 배가 돼요(XX = 20). 만약 값이 작은 숫자가 값이 큰 숫자 앞에 나온다면, 두 숫자는 더하지 말고 빼야 해요 (IV = 4).

I	V	X	L	C	D	M
= 1	= 5	= 10	= 50	= 100	= 500	= 1000

브라흐미 숫자

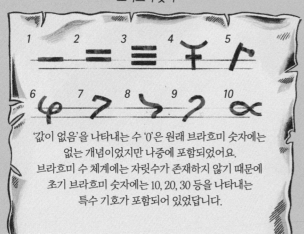

1 2 3 4 5
6 7 8 9 10

'값이 없음'을 나타내는 수 '0'은 원래 브라흐미 숫자에는 없는 개념이었지만 나중에 포함되었어요. 브라흐미 수 체계에는 자릿수가 존재하지 않기 때문에 초기 브라흐미 숫자에는 10, 20, 30 등을 나타내는 특수 기호가 포함되어 있었답니다.

아라비아 숫자

아라비아 숫자(0~9)는 인도의 초기 브라흐미 숫자에서 발전했어요. 7세기경 인도에서 완성된 10에 기반을 둔 수 체계(십진법)는 숫자의 위치(자릿수)에 따라 값을 부여했답니다. 예를 들어 '1'은 그 자체로만 보면 '하나'를 나타내지만, 10의 자리에 있는 '1'은 '열'을, 100의 자리에 있는 '1'은 '백'을 나타내요. 이 수 체계를 사용하면 0부터 9까지 열 개의 기호만으로 모든 숫자를 표시할 수 있으며, 여기에 '소수점'까지 추가하면 분수 값(1보다 작은 숫자)도 표시할 수 있답니다. 아랍의 수학자들은 브라흐미 숫자를 채택하여 여기에 자릿수 체계를 추가하여 사용하였고, 이는 온 유럽으로 전파되었답니다.

휠체어

"몸이 불편한 사람을 위한 이동 수단"

휠체어는 1595년에 통풍이라는 고통스러운 관절 질환을 앓고 있던 스페인 국왕 필립2세를 위해 처음으로 발명되었답니다. 탑승자가 스스로 움직일 수 있는 자주식 휠체어는 1655년에 독일의 시계 제작자 스티븐 파플러[Stephen Farfler]가 처음으로 만들었어요. 그는 더 이상 다리를 쓰지 못하게 되었지만 여전히 혼자서 이동하고 싶었어요. 그래서 그는 자신의 시계 제작 기술을 활용해 세 개의 바퀴가 달려있고, 앞바퀴에 고정된 손잡이를 돌려서 운전할 수 있는 의자를 발명했답니다. 1750년에 영국의 바스에 살았던 발명가 제임스 히스[James Heath]는 더 가볍고 실용적이면서도 편안한 휠체어를 만들고 싶었어요. 그가 만든 '바스 체어'에는 두 개의 큰 뒷바퀴와 하나, 또는 두 개의 작은 앞바퀴가 달려 있었는데 누군가 의자를 밀어 주면 탑승자가 직접 방향을 조절할 수 있는 손잡이도 달려 있었답니다. 19세기 후반에는 프랑스의 유진 빈센트[Eugene Vincent]가 탑승자가 직접 바퀴를 밀어서 움직일 수 있는 휠체어를 처음으로 만들었어요. 1930년대에는 미국의 기계 공학자 해리 제닝스[Harry Jennings]와 부상으로 하반신 마비 장애를 앓았던 허버트 에베레스트[Herbert Everest]가 함께 가벼운 접이식 휠체어를 최초로 발명했답니다. 오늘날 사용되는 수동 휠체어는 이들이 만든 디자인을 기반으로 만들어졌어요.

파플러의 휠체어

중국에서 발견된 기원전 1300년경에 만들어진 한 석판에는 바퀴 달린 의자가 그려져 있었답니다.

접이식 휠체어

현대의 휠체어

오늘날에는 장애를 가진 사람들을 위한 다양한 휠체어가 만들어져 사용되고 있어요. 전동 휠체어도 있고, 올리거나 내릴 수 있는 머리 받침대와 등받이, 팔걸이, 그리고 다리 받침대가 달려 있는 휠체어도 있답니다. 장애를 가진 운동 선수가 농구, 테니스, 레이싱 등을 할 수 있도록 만든 스포츠 휠체어는 견고하고 튼튼하며, 빠른 속도를 낼 수 있도록 특별히 제작되었답니다.

잠수함

"해저 세계를 항해하는 배"

안전한 잠수함을 설계하기 위해서는 수많은 문제를 해결해야 했고, 약간의 실수만 있어도 승조원들에게는 큰 재앙이 될 수 있어 무척 어려운 작업이었어요. 잠수함은 우선 완벽하게 방수되어야 했고, 엄청난 압력도 견딜 수 있을 만큼 튼튼해야 했으며, 위아래로 움직일 수도 있어야 했어요. 또한 승조원들을 위한 산소와 식량, 물, 생활 시설이 필요했어요. 이처럼 어려운 작업이었기 때문에 진정한 의미의 잠수함이 개발되기까지는 수백 년이 걸렸어요. 1620년경에 네덜란드의 발명가 코넬리스 드레벨Cornelis Drebbel이 템즈강에서 처음으로 노로 움직이는 잠수함을 만들어 선보였다고 하지만, 그 잠수함이 실제로 작동했는지는 기록에 남아있지 않답니다. 이후 많은 시간이 지난 1775년에 미국의 데이비스 부쉬넬David Bushnell이 적의 군함에 몰래 접근해 폭발물을 설치하기 위한 목적으로 만든 1인승 잠수함 '터틀'을 설계했어요. 이 잠수함은 손으로 직접 프로펠러를 돌려서 조종했답니다. 19세기에 이르러 배터리, 모터, 엔진 등의 기술이 발전하면서 더 오래 잠수하고 더 멀리 이동할 수 있는 잠수함들이 등장했어요. 그렇지만 안전하면서도 제대로 작동하는 진정한 의미의 잠수함은 20세기에 이르러서야 만들어졌답니다.

부쉬넬의 '터틀'

잠수용 수직 나사

프로펠러

탈착식 지뢰

방향타

펌프

물탱크

터틀을 잠수시키려면 승조원이 탱크에 물을 채워 잠수함의 무게를 늘려야 했어요.

스텔스 잠수함

현대의 군 잠수함은 비행기나 함정, 또는 다른 잠수함에 탐지되지 않고 전 세계 어디든 이동할 수 있게 설계되었어요. 프로펠러는 물살을 가를 때 거의 아무 소리도 나지 않도록 만들어졌고, 선체는 방음재로 덮여 있어 바다를 통과할 때 잠수함이 움직이는 소리가 들리지 않는답니다. 이처럼 은밀하게 움직이지만 잠수함 중에는 길이가 170미터에 달하는 것도 있답니다. 이는 축구 경기장 두 개를 합친 것과 맞먹는 크기예요! 원자력으로 구동되는 잠수함은 한 번 잠수하면 몇 주 동안이나 물속에 머무르기도 해요. 최초로 만들어진 원자력 추진 잠수함인 'USS 노틸러스호'는 1958년에 북극의 두꺼운 빙하 밑을 잠수하여 지나갔답니다.

치약

"하얗게, 깨끗하게, 상쾌하게"

여러분은 뼛가루나 소 발굽을 태워 만든 재, 또는 소금으로 이를 닦을 수 있나요? 정말 끔찍한 소리처럼 들리겠지만 고대 인류는 정말로 그렇게 이를 닦았답니다! 그 외에도 굴 껍데기, 박하 잎, 꿀, 그리고 '몰약'이라는 향을 사용하기도 했어요. 놀랍게도 이 중에는 꽤 효과적인 것들도 있었답니다. 1800년대에 베이킹소다, 분필 가루, 벽돌 가루 같은 성분이 들어간 치약이 발명되면서 상황은 많이 개선되었어요. 19세기 후반에 최초로 대량 생산된 치약은 유리병에 담겨 있었어요. 우리가 사용하는 튜브형 치약은 1880년대 후반에 처음으로 등장했답니다. 현대의 치약에는 대부분 치아를 깨끗하면서도 하얗게 만들어 주고, 충치와 잇몸 질환을 예방해 주며, 입 안을 상쾌하게 만들어 주는 성분이 들어 있어요. 뭐가 됐든 황소 발굽 재보다는 훨씬 낫죠?

줄무늬 모양의 치약을 처음 만든 사람은 미국인 레오 마라피노^{Leo Marraffino}였어요. 1950년대에 등장한 이 치약은 흰색과 파란색의 두 가지 색상으로 만들어졌답니다.

1700년대까지도 많은 사람들이 충치는 '치아 벌레'라는 작은 생물에 의해 발생한다고 잘못 알고 있었답니다.

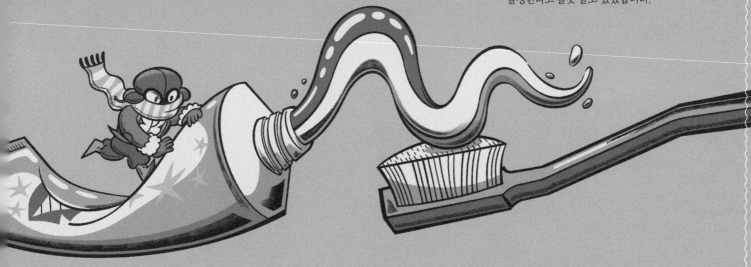

양치할 시간이야!

칫솔은 치약보다 훨씬 나중에 발명되었답니다. 고대 이집트 사람들과 바빌론(현대의 이라크) 사람들은 나뭇가지 끝을 벗겨서 이를 닦았고, 중국인들은 이와 비슷하게 향기 나는 나무로 만든 이쑤시개를 사용했습니다. 1770년에 영국인 윌리엄 애디스^{William Addis}가 최초로 대량 생산 가능한 칫솔을 발명했어요. 그것도 폭동죄로 런던의 감옥에 수감되어 있던 중에 말이죠! 그는 걸레에 숯이나 소금을 묻혀 이를 닦는 것이 정말 싫었어요. 그래서 그는 식사 후 남은 동물 뼈를 조각해서 손잡이를 만든 후, 한쪽 끝에 작은 구멍을 뚫고 뻣뻣한 멧돼지 강모를 삽입해서 철사로 고정했답니다. 애디스는 감옥에서 출소한 후 자신이 발명한 칫솔을 제조하는 회사를 설립했어요.

원자력

"원자를 쪼개는 힘"

1930년대 후반에 과학자들은 원자를 쪼개면 엄청난 양의 에너지가 방출된다는 사실을 알게 되었어요. 이는 정말 획기적인 발견이었답니다. 과학자들은 곧바로 이 새로운 에너지원을 어떻게 사용할 수 있는지에 대한 연구를 시작했고, 원자력의 시대가 막을 올리게 되었어요.

원자력 연구

원자력은 대부분 원자의 핵이 두 개 이상으로 분리되는 '핵분열'이라는 과정을 통해 만들어져요. 이런 과정은 우라늄 원자에 아원자(원자보다 작은 입자)를 충돌시켜 시작된답니다. 원자가 쪼개지면 더 많은 아원자 입자가 방출되고, 이 입자를 통해 더 많은 원자가 쪼개지는 연쇄작용이 시작돼요. 이런 과정을 원자로로 제어하면 우리가 사용할 수 있는 에너지를 생성할 수 있어요. 그런데 이런 과정이 제대로 제어되지 않으면 엄청나게 많은 에너지가 폭발적으로 증가한답니다. 이게 바로 원자 폭탄이 원리예요.

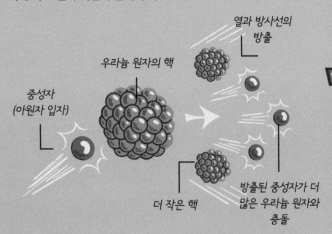

중성자 (아원자 입자)

우라늄 원자의 핵

열과 방사선의 방출

더 작은 핵

방출된 중성자가 더 많은 우라늄 원자와 충돌

에너지의 생성

원자력 연구는 무척 복잡하고 위험했지만 1940~50년대의 과학자들은 화석 연료에 의존하지 않는 저렴한 에너지를 전 세계에 공급하고자 원자력 발전 연구에 몰두했어요. 1951년에 미국 아이다호주에서 처음으로 원자력으로 만든 전기가 생산되었지만, 원자력 전기 생산은 1960년이 되어서야 본격적으로 시작되었고 이후 20년간 전 세계에 수많은 원자로가 건설되었답니다. 원자력 발전소 내부에는 냉각 액체로 둘러싸인 우라늄이 들어있는 원자로가 여러 개 있어요. 이 원자로 내부에서 핵분열이 일어난답니다. 이 과정에서 방출된 열이 증기를 만들고 터빈을 돌려 전기를 생산해요. 핵분열 방식은 석탄이나 가스를 태우는 방식보다 상대적으로 적은 양의 연료를 사용해서 훨씬 더 많은 에너지를 만들 수 있어요. 대기 중으로 방출되는 오염 물질도 없답니다. 대신 위험한 방사능 폐기물을 생성하기 때문에 안전하게 보관해야 돼요.

원자력 발전소

원자로

수증기

연료봉

제어봉

물

냉각된 물은 다시 원자로로 공급돼요.

무서운 파괴력

가장 파괴적인 무기 중 하나인 원자 폭탄은 전쟁 중에도 단 두 번밖에 사용되지 않았답니다. 핵분열에 처음 성공한 이후부터 원자 폭탄 개발이 시작되었고, 2차 세계 대전 중에 개발 속도가 빨라졌답니다. 당시에는 독일이 주도하는 추축국과 영국, 프랑스, 미국 등으로 이루어진 연합국이 치열하게 경쟁하고 있었어요. 그러던 중 1945년에 연합군은 두 개의 원자 폭탄을 실험했답니다. 1945년 8월 6일, 미국 폭격기가 일본의 히로시마에 우라늄을 연료로 한 원자 폭탄을 투하했고, 사흘 뒤에는 더 강력한 플루토늄을 연료로 한 원자 폭탄이 나가사키에 투하되었답니다. 이로 인해 두 도시는 완전히 파괴되었고, 최소 10만 명의 일본인이 사망했으며, 그 이후에도 낙진(핵폭탄이 터진 후 나중에 떨어지는 방사능 먼지-옮긴이)으로 인해 더 많은 사람이 사망했어요.

비핵화

1968년에 가장 많은 핵무기를 보유한 미국과 소련을 비롯한 60개국이 핵무기 비확산 조약에 서명했어요. 이는 핵무기 확산을 방지하고 원자력의 평화적 이용(에너지 발전)을 촉진하기 위해 마련된 조약이랍니다. 1968년 이후 현재까지 191개국이 이 조약에 서명했어요.

냉각탑이 증기를 냉각시켜 다시 물로 응축시켜요.

파이프로 증기가 공급되고 터빈을 돌려요.

송전탑에 매달린 전선을 따라 전기가 운반돼요.

전기 발전기

원자력이 사용되는 곳

원자력은 차량이나 기계에 동력을 공급하는 데 사용되기도 해요. 항공모함이나 잠수함처럼 엔진의 연소 대신 원자로로 추진되는 배도 있답니다. 원자력을 이용하면 연료를 다시 채울 필요 없이 장시간 고속으로 이동할 수 있어요. 약 80억 킬로미터를 이동한 토성 탐사선 '카시니'나 화성탐사선 '퍼시버런스 로버' 같은 우주선은 플루토늄이 들어간 핵 배터리에서 동력을 얻었어요. 미래에는 핵분열 과정을 이용해 더 빠른 속도로 더 긴 시간 동안 임무를 수행하는 원자력 로켓 엔진이 우주여행에 사용될지도 몰라요.

스노모빌

"얼음과 눈 위를 부드럽게 이동하기"

땅에 눈이 쌓여 있다 해도 최신 스노모빌을 타고 어디든 갈 수 있어요. 얼어붙은 호수를 미끄러지듯 건너고, 눈 쌓인 숲을 가로지르며, 높은 산의 경사를 오르고, 눈 더미를 뛰어넘으며 시속 190 킬로미터까지 속도도 낼 수 있답니다. 최초의 현대식 스노모빌은 1959년에 캐나다 발명가 조제프 아르망 봉바르디에Joseph-Arm and Bombardier가 설계했어요. 그가 만든 '스키두'는 뒤쪽에 모터로 구동되는 무한궤도가, 앞쪽에는 방향을 조종할 수 있는 스키 두 개가 장착되어 있었답니다. 스노모빌은 스릴 넘치고 재밌는 탈것이기도 하지만, 스칸디나비아나 캐나다처럼 눈이 많이 내리는 지역의 외딴곳에 사는 사람들에게는 이동하거나 생필품을 얻는데 사용하는 소중한 수단이랍니다.

봉바르디에가 만든 스노모빌의 이름은 원래 '스키독'이었어요. 그런데 첫 광고 브로셔에 실수로 '스키두'라고 인쇄되었고 사람들이 그 이름을 무척 좋아하는 바람에 계속해서 그 이름으로 불리게 되었답니다.

케블라

"강철보다도 센 소재"

날아오는 총알을 막을 수 있을 만큼 강한 소재가 있을까요? 1965년에 미국의 화학자 스테파니 퀄렉Stephanie Kwolek은 자동차 타이어를 개선하기 위한 새로운 소재를 개발하던 중 우연히 그런 물질을 발명하게 되었어요. 나중에 '케블라' 라는 이름이 붙여진 이 소재는 플라스틱을 섬유처럼 뽑아 직조한 것이랍니다. 케블라는 유연하고 내열성이 뛰어날 뿐 아니라 강철보다 무려 다섯 배나 더 강했어요. 발명된 지 몇 년 지나지 않아 퀄렉의 강력한 소재는 군인과 경찰관이 입는 방탄복, 헬멧, 안면 마스크뿐 아니라 오토바이 운전자와 광부가 입는 보호복, 소방관이 입는 방화복 등에 사용되었어요. 이처럼 케블라는 수많은 사람들의 생명을 구하는 데 일조했답니다.

방탄복 안에 든 패드는 여러 겹의 케블라로 채워져있어요. 케블라는 유연하고 가벼워서 착용자가 자유롭고 신속하게 움직일 수 있게 한답니다.

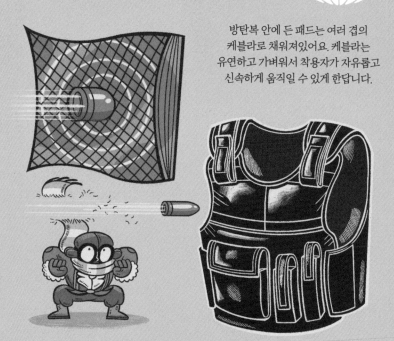

엑스레이 기계

"몸속 들여다보기"

1895년에 엑스레이가 처음 발명되었을 때 사람들은 단지 재미로 자신의 몸속을 찍어보고 싶어서 줄을 서기까지 했다고 해요! 오늘날 무척 중요한 의료기기로 사용되는 엑스레이는 우연한 계기로 발견되었어요. 독일의 물리학자 빌헬름 뢴트겐 Wilhelm Röntgen은 음극선관(나중에 텔레비전에 사용되는 장치, 59페이지 참조)에 전기를 통과시키는 실험을 하다가 근처 화면에서 흘러나오는 녹색 빛을 발견했어요. 뢴트겐은 그 빛이 지금껏 알려지지 않은 새로운 종류의 방사선이라는 것을 깨닫고 그것을 'X-선'이라고 불렀어요. 이후 그는 X-선이 피부와 근육과 같은 부드러운 조직은 통과하지만, 뼈나 금속처럼 밀도가 높은 물질은 통과하지 못한다는 사실을 발견했어요. 뢴트겐의 획기적인 발견은 전 세계에 센세이션을 일으켰고, 1년도 지나지 않아 병원에서 엑스레이가 사용되기 시작했어요. 마침내 의사들은 환자의 몸을 열어보지 않고 몸 안을 검사할 수 있게 되었지요.

뢴트겐은 자신의 발명품이 모든 인류를 위해 사용되어야 한다고 믿었기 때문에 다른 사람들이 엑스레이 기계를 제작하고 실험하는 것을 제한하지 않았어요.

엑스레이 발생장치

엑스레이 스캔

엑스레이

뢴트겐이 찍은 최초의 엑스레이 사진 중 하나는 아내의 손이었어요. 사진을 보면 그의 아내의 뼈와 결혼반지가 보인답니다.

엑스레이 기계는 공항에서 승객의 수하물을 검사하고 기내 반입 품목 여부를 확인하기 위해서도 사용된답니다.

작은 퀴리

폴란드 태생의 프랑스인 마리 퀴리는 방사선을 전문으로 연구한 뛰어난 화학자이자 물리학자였어요. 두 번의 노벨상 수상만큼이나 놀라운 그녀의 업적 중 하나는 1차 세계대전(1914~18년) 당시 엑스레이 기계로 수많은 생명을 구한 일이었어요. 퀴리 부인은 부상당한 병사들을 엑스레이로 재빨리 진단할 수 있다면 목숨을 구할 가능성이 더 높다는 걸 알고 있었어요. 그래서 그녀는 트럭을 개조한 이동식 엑스레이 기계를 만든 후 간호사들에게 사용법을 교육했답니다. 그리고 퀴리와 그녀의 용감한 팀은 전장으로 달려가 현장에서 부상자를 치료했어요. '작은 퀴리'라고 불렸던 퀴리의 엑스레이 트럭은 전쟁 기간 동안 100만 명 이상의 군인을 치료한 것으로 추정되고 있어요.

방사선

등자

"안장에 붙어 있기"

이 책에서 등장하는 발명품 중 가장 단순한 물건 중 하나인 등자는 인류의 전투 방식을 완전히 바꿔 놓았어요. 사람들은 약 6,000년 전에 말을 가축화하는 것에 성공했답니다. 그 이후로 말은 우리를 위해 밭을 갈고, 짐을 운반하고, 여행을 떠나거나 전쟁을 할 때 동원되었어요. 기원전 500년경부터 아시아의 유목인 스키타이인은 쿠션을 댄 가죽으로 만든 안장을 사용하기 시작했어요. 이후 기수는 안장에 올라타 두 다리로 말의 몸을 단단하게 감싼 채 말을 타야 했답니다. 그러나 빠르게 달리거나 전투 중일 때 말에서 떨어지는 사고가 일어났어요. 그렇지만 등자가 발명되면서 상황은 바뀌게 되었답니다. 등자가 언제 어디서 처음 등장했는지 정확히 알 순 없지만, 2세기경 아시아에서 처음 발명된 것으로 추정되고 있어요. 금속으로 만들어진 단순한 모양의 등자는 안장 양쪽에 가죽끈으로 매달아 기수가 쉽게 안장에 올라타거나 내릴 수 있게 해 주었고, 기마 전사는 갑옷을 입고 최고 속도로 달릴 때도 안장에 몸을 단단히 고정시킬 수 있게 되었답니다. 8세기가 되어 등자는 유럽에서도 사용되기 시작했고, 갑옷 입은 기사들이 말을 타고 창을 휘두르며 돌격하는 '중기병'이 발전하는 데 기여 했어요.

기원전 2세기 인도에서는 발가락을 넣어 말을 탈 수 있는 작은 가죽 등자가 사용되었어요. 뜨거운 햇볕 때문에 맨발로 말을 탔던 인도인들에게는 발가락 등자가 안성맞춤이었답니다.

등자가 없었다면 무거운 갑옷을 입고 말에 올라타거나 안장 위에서 자세를 유지하는 게 무척 어려웠을 거예요.

고대의 중국 등자

중국에서 발견된 등자의 흔적은 주로 고대 예술품이나 봉인된 무덤 내부에서 발굴되었어요. 1974년에 한 분묘에서 출토된 인물 도자기에는 서기 302년경의 것으로 추정되는 '답등(말에 오를 때 발을 딛기 위한 용도로만 사용하는 등자)'의 모습이 묘사되어 있었답니다. 양쪽 등자가 모두 표현되어 있는 인물 도자기는 서기 322년경에 만들어진 것으로 추정되고 있어요. 현존하는 가장 오래된 등자는(중국의 분묘에서 출토) 서기 415년경에 사용되었던 것으로 보여요.

무선 통신

"장거리 무선 통신"

무선 통신의 발명은 1890년대의 전보와 전화기 기술 개발 덕분에 이루어졌어요. 무선 통신기는 전선 없이도 '전파'를 감지하여 발화자의 목소리를 전송한답니다. 가시광선처럼 전자기파의 한 종류인 전파는 이동하는 에너지의 파동이에요. 전파의 존재는 1887년에 독일의 물리학자 하인리히 헤르츠Heinrich Hertz가 증명하기 이전에 이미 예측되었었답니다. 전파의 존재가 증명되자 발명가와 과학자들은 즉시 이를 활용할 수 있는 방안을 고민하기 시작했어요. 1894년에 영국의 물리학자 올리버 로지Oliver Lodge가 옆방에서 흘러나오는 전파를 감지하는 수신기를 처음 시연했어요. 1895년에는 러시아의 물리학자 알렉산드르 포포프Alexander Popov가 30킬로미터 떨어진 곳에서 치는 번개도 감지할 수 있는 무선 수신기를 만들었고, 인도의 물리학자 자가디시 찬드라 보스Jagadish Chandra Bose는 전자기파의 작동 원리를 실험하고 연구했답니다. 이탈리아의 발명가 굴리엘모 마르코니Guglielmo Marconi는 무선 통신기를 만들어 장거리에서도 무선으로 통신할 수 있다는 사실을 처음으로 증명했어요.

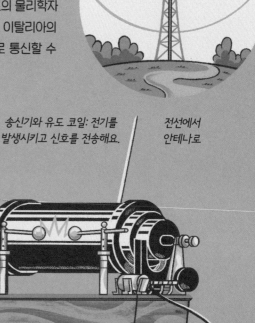

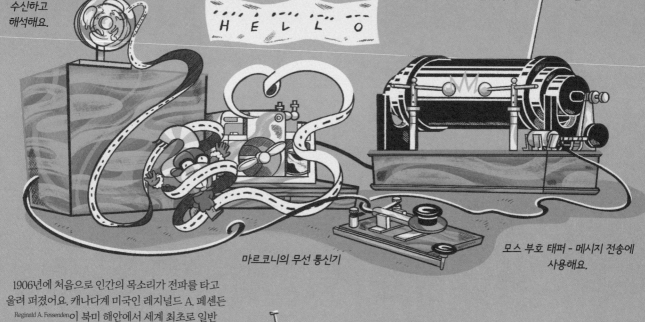

수신기: 전파를 수신하고 해석해요.

수신한 메시지를 모스 부호로 인쇄한 테이프

송신기와 유도 코일: 전기를 발생시키고 신호를 전송해요.

전선에서 안테나로

마르코니의 무선 통신기

모스 부호 태퍼 - 메시지 전송에 사용해요.

1906년에 처음으로 인간의 목소리가 전파를 타고 울려 퍼졌어요. 캐나다계 미국인 레지널드 A. 페센든Reginald A. Fessenden이 북미 해안에서 세계 최초로 일반 청중을 대상으로 한 음악과 엔터테인먼트 라디오 방송을 내보냈답니다.

전 세계 청취자 여러분, 안녕하십니까!

무선 통신의 혁명

사람들은 얼마 지나지 않아 무선 통신이 얼마나 유용하게 쓰일 수 있는지 알아차렸고, 조난 신호 같은 선박간 통신, 또는 선박과 육지간 통신에 사용하기 시작했어요. 무선 통신은 1차 세계대전과 이후 2차 세계대전에도 중요한 역할을 했답니다. 1920년대는 그야말로 '라디오의 황금기'였어요. 이때는 사람의 목소리부터 음악까지 포함한 복잡한 소리를 송수신할 수 있는 전송 방식인 AM(진폭 변조)이 확립된 시기였어요. 각국 정부는 각자 국영 방송을 개국하고 뉴스, 음악, 연극, 다큐멘터리를 가정마다 직접 방송했답니다.

인쇄기

"소식이 퍼져나가다"

현대의 가장 빠른 인쇄기는 매시간 80,000부 이상의 인쇄물을 풀컬러로 인쇄할 수 있어요. 이건 1초당 20부를 찍어내는 것이랍니다! 이 거대한 기계가 24시간 작동하며 우리가 읽는 모든 책과 잡지, 신문, 만화를 만들어내고 있어요. 최초의 고속 인쇄기는 1450년대에 독일의 금세공업자이자 발명가였던 요하네스 구텐베르크^{Johannes Gutenberg}에 의해 발명되었답니다. 그는 포도와 올리브를 짜는 기계를 기반으로 최초의 혁신적인 인쇄기를 만들었어요. 구텐베르크는 잉크를 바른 금속 블록 위에 종이를 눌러서 한 장의 글을 인쇄했답니다. 이 블록에는 글자와 구두점이 주조되어 있었고, 단어와 문장을 만들 수 있도록 자유롭게 배열할 수 있었어요. 이러한 '이동식' 인쇄 방식을 사용한 구텐베르크 인쇄기는 시간당 250매를 인쇄할 수 있었답니다. 글을 읽을 줄 아는 사람들이 크게 늘어났던 시대에 구텐베르크의 발명은 정치와 종교에 대한 혁신적인 사상이 국경과 바다를 넘어 산불처럼 퍼져나가는 데 큰 역할을 했어요.

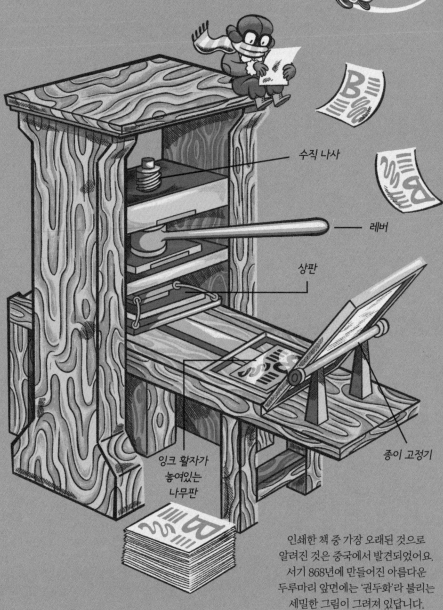

수직 나사

레버

상판

종이 고정기

잉크 활자가 놓여있는 나무판

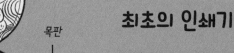

인쇄한 책 중 가장 오래된 것으로 알려진 것은 중국에서 발견되었어요. 서기 868년에 만들어진 아름다운 두루마리 앞면에는 '권두화'라 불리는 세밀한 그림이 그려져 있답니다.

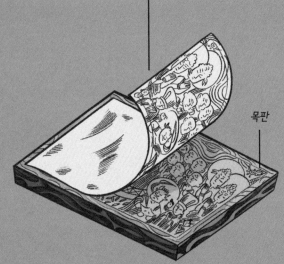

인쇄물

목판

최초의 인쇄기

구텐베르크가 태어나기도 훨씬 전에 동아시아에서는 중요한 인쇄 기술이 이미 개발되어 사용되고 있었어요. 글자와 그림이 새겨진 납작한 나무 조각에 잉크를 묻힌 후 종이에 눌러 인쇄하는 목판 인쇄술은 6세기부터 중국에서 사용되었답니다. 최초의 (구운 점토로 만든) 이동식 활자는 서기 1041년경에 발명되었어요. 금속 활자는 13세기 초에 한국에서 등장했답니다. 이런 중요한 인쇄 기술은 결국 서방으로 퍼져나가 유럽에도 전달되었어요. 아니면, 구텐베르크도 자신의 유명한 인쇄기를 만들지 못했을 거예요.

증기 기관

"물을 동력으로"

18~19세기의 산업혁명이 수많은 증기 기관에 의해 추진되었고, 이들이 영국과 미국 같은 국가를 산업 대국으로 만들어 주었다는 사실은 이미 잘 알고 있을 거예요. 증기 기관이 유용하게 사용되었던 최초의 사례 중 하나는 광산의 배수 작업을 위해 워터펌프를 구동하는 일이었답니다. 그러나 1698년에 영국의 공학자 토마스 세이버리^{Thomas Savery}가 처음 발명한 증기구동식 워터 펌프는 잘 폭발하여 자주 수리해야 했어요. 영국인 토마스 뉴컴^{Thomas Newcomen}이 1712년에 증기구동식 워터 펌프를 개발했고, 이후 50년 동안 그가 만든 '공기 엔진'은 공장에 물을 공급하고 침수된 탄광을 배수했는데, 뉴컴이 소유한 공장도 그 혜택을 보았답니다. 증기 기관을 진정으로 세상을 바꾼 발명품으로 거듭나게 한 사람은 스코틀랜드의 수학 공구 제작자였던 제임스 와트^{James Watt}였어요. 1760년대에 그는 뉴컴의 엔진이 무척 비효율적이라는 사실을 깨닫고 이를 개선한 후 더 강력하고 효율적이며 조작하기 쉬운 증기 기관을 직접 제작했어요. 이후 증기 기관은 물 펌프뿐 아니라 크레인, 증기선, 견인기, 증기 기관차 (24~25페이지 참조), 공장과 공장 기계에 동력을 공급하는 데 점차적으로 사용되기 시작했어요.

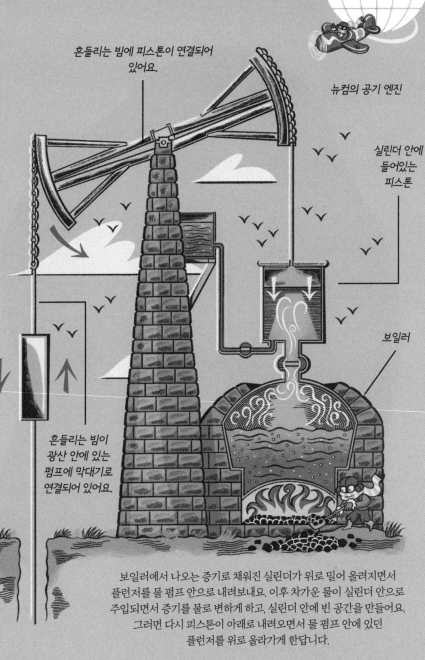

흔들리는 빔에 피스톤이 연결되어 있어요.

뉴컴의 공기 엔진

실린더 안에 들어있는 피스톤

보일러

흔들리는 빔이 광산 안에 있는 펌프에 막대기로 연결되어 있어요.

보일러에서 나오는 증기로 채워진 실린더가 위로 밀어 올려지면서 플런저를 물 펌프 안으로 내려보내요. 이후 차가운 물이 실린더 안으로 주입되면서 증기를 물로 변하게 하고, 실린더 안에 빈 공간을 만들어요. 그러면 다시 피스톤이 아래로 내려오면서 물 펌프 안에 있던 플런저를 위로 올라가게 한답니다.

고대의 증기 기관

최초의 증기 기관은 1세기에 발명되었다는 사실을 알고 있었나요? 고대 그리스인들이 발명한 '아에올리스의 공'은 가마솥 위에 매달린 금속 공이었답니다. 이는 물이 끓으면서 노즐을 타고 올라가 분출되는 증기로 인해 공이 회전하는 장치였어요. 신기하긴 했지만 아에올리스의 공에는 실용적인 기능은 없었어요. 하지만 1551년에 오스만 제국의 천문학자이자 철학자이자 공학자였던 타끼 앗딘 ^{Taqi al-Din}이 처음으로 매우 쓸모 있는 증기 기계를 발명했어요. 이 기계는 고기 굽는 꼬챙이에 붙어 있는 일련의 납작한 칼날('베인'이라고 불러요)에 증기를 집중적으로 분사해서 불 위의 고기가 골고루 익도록 회전시켰답니다.

휴대용 음악 플레이어

"앨범 전체가 주머니 속에"

오디오 카세트테이프는 필립사의 네덜란드인 엔지니어 루 오텐스 Lou Ottens가 1962년에 처음 발명했어요. 여러분은 아마 본 적이 없을 이 카세트테이프는 자기테이프에 소리를 저장하는 작은 플라스틱 장치였답니다. 카세트테이프는 얼마 지나지 않아 사람들이 음악을 듣고 공유하기 위해 가장 많이 사용하는 장치가 되었고, 비닐 레코드를 추월하는 인기를 누렸답니다. 카세트테이프 플레이어의 크기는 점점 더 작아졌고, 1979년에 휴대할 수 있는 '소니 워크맨'이 등장하면서 우리가 음악을 감상하는 방식을 완전히 바꿔버렸어요. 배터리로 작동하는 워크맨은 벨트에 걸거나 주머니에 넣을 수 있을 정도로 작고 가벼웠답니다. 재생 버튼만 누르면 언제든지 좋아하는 음악을 스테레오 헤드폰으로 들을 수 있었죠. 1984년에 소니는 최초의 휴대용 CD 플레이어인 '디스크맨'을 출시했어요. CD는 카세트보다 음질이 좋았고, 다른 곡으로 쉽게 건너뛸 수 있다는 장점이 있었어요. 반면 카세트테이프는 빨리 감기나 되감기 기능을 사용했기 때문에 시간이 오래 걸렸죠. 1990년대에는 휴대용 CD 플레이어가 카세트 플레이어보다 더 많이 사용되었답니다. 다만 CD를 읽어 주는 레이저가 워낙 섬세한 기술이다 보니 음악이 끊기는 튐 현상이 쉽게 일어나기도 했어요.

카세트 플레이어

헤드폰

소니는 더블데크 버전, 방수 버전, 심지어 태양열로 작동하는 버전의 워크맨까지 출시했었답니다.

여러 회사들이 휴대용 카세트 플레이어를 출시했지만, 소니 워크맨 만큼 인기를 끈 제품은 없었답니다. 워크맨은 1979년에 출시되어 2010년에 단종될 때까지 약 2억 대가 팔렸다고 해요.

디지털 뮤직 플레이어

내장된 하드디스크 드라이브에 디지털 방식으로 음악을 저장하는 휴대용 음악 플레이어는 1998년에 최초로 등장했어요. 이 플레이어는 과거의 음악 플레이어들보다 작고 가벼웠으며 트랜지스터와 마이크로칩(52페이지 참조) 같은 전자 기술이 접목되어 있었답니다. 사용자는 컴퓨터에서 음악을 골라 플레이어의 하드디스크 드라이브에 내려받아 음악을 들었고, 재생 목록도 마음대로 생성할 수 있었어요. 2001년에는 1,000곡까지 저장할 수 있는 최초의 디지털 음악 플레이어인 '애플 아이팟'이 등장하며 큰 인기를 끌었어요. 이제 우리는 음악 전용 플레이어 대신 스마트폰을 이용하여 음악을 듣는답니다.

조립 라인

"대량 생산 자동차의 탄생"

최초의 이동식 조립 라인은 그 속도가 어찌나 빨랐던지 한 시간 삼십 분 만에 수많은 부품을 가지고 도색 완료된 자동차 완제품으로 조립할 수 있었어요. 이러한 조립 라인에 대한 구상은 미국의 자동차 제조업자 헨리 포드^{Henry Ford}에 의해 널리 퍼지게 되었답니다. 최대한 빠른 속도로 자동차를 생산하고 싶었던 포드는 이 방법으로 1925년에는 번쩍이는 '포드 모델 T'를 매일 10,000대씩 공장에서 뽑아냈어요. 공장 작업자들은 길게 줄을 서서 컨베이어 벨트를 따라 움직이는 자동차 섀시(바퀴와 엔진이 달린 자동차 프레임)에 작업을 했어요. 각 작업자는 바퀴를 장착하거나, 시트를 조이는 등 한가지의 작업만 반복적으로 수행했답니다. 이처럼 움직이는 조립 라인을 사용하고, 대량으로 생산되는 동일한 부품으로 자동차를 만들었기 때문에 포드는 자동차 제조 비용을 대폭 절감할 수 있었고, 모델 T를 저렴한 가격에 대중에게 선보일 수 있었답니다. 덕분에 소득이 많지 않은 사람들도 자동차를 구입할 수 있게 되었어요. 곧이어 다른 회사들도 포드의 자동화된 조립 라인을 차용하게 되었고, 자동차 제조업은 오늘날의 모습을 갖추게 되었어요.

포드의 조립 라인 공장에서 일하는 작업자들은 두둑한 급여를 받았지만, 하루 종일 같은 작업을 수백 번 반복하는 것을 지루하게 느꼈어요. 그래서 어떤 작업자들은 수작업으로 자동차를 만드는 공장으로 이직하기도 했답니다.

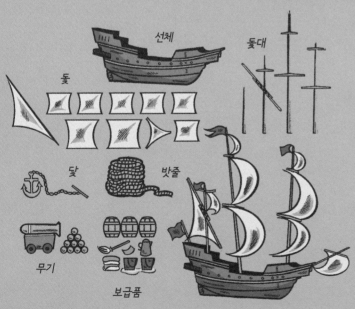

선체

돛대

돛

닻

밧줄

무기

보급품

고대의 조립 라인

포드보다 몇백 년 전에 움직이는 조립 라인이 있었어요. '아르세날레 디 베네치아'는 12세기에 베네치아에 세워진 조선소이자 병기창 복합단지였답니다. 1500년이 되자 이곳은 세계에서 가장 큰 산업현장으로 성장했어요. 이곳에서는 건조 속도를 높이기 위해 선박을 만드는 모든 부품을 표준화(동일하게 제작)해서 사용했답니다. 배는 운하를 따라 이동하며 '조선업자'로 불리는 선박 제작자들에 의해 단계별로 건조되었어요. 조립 라인의 끝에 도달하면 선박은 항해를 시작할 준비를 마친 상태가 되었답니다.

제트 엔진

"빠르게 날기"

1920년대 후반에 영국의 공학자이자 대담한 비행 조종사였던 프랭크 휘틀Frank Whittle은 당시 사람들이 사용하던 프로펠러 엔진보다 더 빠른 항공기 엔진, 즉 제트 엔진을 발명하기 시작했어요. 그는 엔진뿐 아니라 그 엔진을 사용할 수 있을 만큼 튼튼한 항공기를 설계해야 했답니다. 2차 세계대전이 한창이던 1941년, 휘틀은 가스 터빈 제트 엔진을 시험용 항공기인 '글로스터 E.28/39'에 장착했어요. 시험 비행은 성공적이었고, 제트 엔진은 성능을 입증했답니다. 그로부터 2년이 지난 후, 휘틀이 만든 터보 제트 엔진 두 개를 장착한 영국 최초의 제트 전투기 '글로스터 미티어'가 하늘로 날아올랐어요. 그런데 휘틀은 알지 못했지만 같은 시기에 적국인 독일의 공학자 한스 폰 오아인Hans von Ohain도 제트 엔진을 설계하고 있었답니다. 폰 오아인은 휘틀보다 몇 년 늦게 연구를 시작했지만, 정부 지원을 받았기 때문에 연구를 더 빨리 진전시킬 수 있었어요. 1939년에 폰 오아인은 '하인켈 He 178' 테스트 항공기를 통해 터보 제트 엔진의 성능을 성공적으로 입증했답니다. 1944년에 독일군은 '메서슈미트 Me 262' 전투기를 전투에 투입했어요. 시속 870킬로미터까지 속도를 낼 수 있었던 이 전투기는 제트기가 항공기의 미래라는 사실을 증명했답니다.

최신 제트기에는 대부분 연료 효율이 높은 터보팬 엔진이 장착되어 있으며, 회전하는 팬을 사용하여 공기를 연소실로 끌어당겨 추력(항공기를 공중으로 추진하는 힘)을 크게 높입니다.

항공기는 추력에 의해 앞으로 나아가요. 이런 추력은 엔진 뒤쪽에서 나오는 가스의 힘으로 생성된답니다.

'글로스터 미티어'의 개발은 무척 성공적이었답니다. 이 항공기는 전 세계에서 약 4000년대가 제작되어 사용되었어요. 1946년에는 제트기 속도 기록을 경신하기도 했답니다.

제트 엔진이 앞쪽에서 공기를 흡입해요.

제트 엔진은 공기를 사용하여 연료를 연소시킨 후, 생성된 배기가스를 밖으로 내뿜어요.

제트기의 전성시대

휘틀과 폰 오아인을 비롯한 많은 발명가들이 오늘날까지도 지속되고 있는 '제트기의 전성시대'의 막을 열었어요. 1940년대 후반부터 전 세계 발명가들은 군용 및 민간용 제트기를 만들기 위해 서로 경쟁했습니다. 수백 명의 승객을 태울 수 있는 대형 비행기도 빠르고 원활하게 날 수 있을 만큼 강력한 제트 엔진이 만들어지자 상업용 항공의 시대도 열렸답니다. 상업용 제트기는 모든 사람들이 세계 어디든 더 쉽고, 더 안전하고, 더 저렴하게 갈 수 있게 해주었어요. 오늘날에는 매년 수십억 명의 승객들이 비행기를 이용하고 있답니다.

로봇

"더 유능하게, 더 빠르게, 더 강하게"

실제로 우리의 산업용 로봇이 발명되기 약 40년 전에 사람의 일을 대신 해 주는 가상의 로봇이 이미 등장했었답니다. 체코의 공상 과학 소설가 카렐 차펙Karel Čapek이 1920년에 쓴 희곡 '로숨의 유니버설 로봇'에 등장하는 로봇은 인간이 노예처럼 부리는 인조인간이었어요. 이야기 속에서 이들은 결국 반란을 일으키고 인간을 파멸시킨답니다. 다행히도 현재 우리가 사용하는 산업용 로봇은 이런 일을 벌이지는 않았어요. 적어도 아직까지는 말이죠! 실제 공장에서 사용되는 로봇은 대부분 사람과는 전혀 다른 모습을 하고 있어요. 산업용으로 제작된 최초의 현대 로봇은 1954년에 미국의 공학자 조지 데볼George Devol이 발명했답니다. '유니메이트'라고 불리는 이 로봇은 팔 모양을 하고 있었어요. 디지털 방식으로 작동하고 프로그래밍이 가능한 유압식 로봇인 유니메이트는 자동차 공장에서 뜨거운 금속 부품을 옮기는 데 사용되었답니다. 1978년에는 훨씬 더 정교한 로봇 '퓨마('프로그래밍 가능한 범용 조립 기계'라는 뜻)'가 등장했어요. 퓨마는 전자제품 조립처럼 매우 정밀한 작업도 수행할 수 있었답니다. 로봇의 등장 이후 사람들은 로봇이 얼마나 무한한 가능성을 가지고 활용될 수 있는지 알아차렸고, 이후 수십 년 동안 로봇 개발이 아주 활발하게 이루어졌답니다.

'로봇'이라는 단어는 '강제 노동'을 의미하는 체코어 '로보타'에서 유래했어요.

큐리오시티 로버

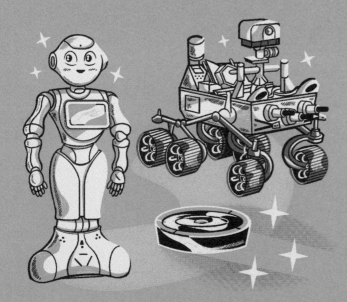

컴퓨터가 인간처럼 스스로 생각하고 학습할 수 있게 하는 인공지능(AI)의 발전으로 미래의 로봇은 앞으로 더 빠르고, 강하고, 똑똑하고, 자립적인 존재가 될 거예요.

로봇의 세계

오늘날 로봇은 여러 가지 일을 수행하고 있어요. 외과 의사는 자동화 된 팔이 달린 로봇을 사용하여 섬세한 수술을 하고, 네발 달린 로봇 개가 안전 점검을 수행하며 데이터를 수집한답니다. 또한 탐사 로 봇인 '로버'는 화성으로 날아가 표면을 탐사하기도 해요. 특정 작업 을 수행하도록 특별히 프로그래밍 된 화성 '로버'는 원격으로 움직일 수 있고, 안에는 수집한 대기, 토양, 암석 시료를 실험할 수 있는 시설 이 구비되어 있답니다.

레이더

"조기 경보 시스템"

레이더('전파 이용 탐지 및 거리 측정'의 줄임말)는 라디오나 텔레비전 같은 통신 장치에 사용하는 전파를 이용해 항공기나 선박, 잠수함, 심지어 수 킬로미터 떨어진 곳의 날씨까지 탐지하는 정보 시스템이에요. 최신 레이더 중에는 최대 20,000킬로미터 떨어진 물체까지 탐지할 수 있는 것도 있다고 해요. 레이더가 실제로 발명되기 이전부터 많은 과학자들이 이에 대한 연구를 진행하고 있었답니다. 1880년대 후반에 독일의 물리학자 하인리히 헤르츠는 전파가 금속 물체에 부딪힌 뒤 되돌아오는 방식을 시연했어요. 1904년에 독일의 또 다른 공학자 크리스티안 휠스마이어Christian Hülsmeyer는 선체에서 반사되는 전파로 먼 바다에 있는 선박도 감지할 수 있는 선박 충돌 방지용 송수신 시스템 '텔레모빌스코프'를 개발했어요. 영국, 미국, 독일, 소련을 비롯한 여러 국가들은 레이더가 해상이나 공중으로 공격해 오는 적에 대한 조기 경보 시스템으로 얼마나 유용하게 사용할 수 있는지 금새 깨달았답니다. 1930년대 내내 이들 국가는 최고의 레이더 기술 개발을 목표로 서로 비밀리에 치열하게 경쟁했어요.

기상 레이더는 강수량의 속도와 움직임을 추적해서 비나 우박, 진눈깨비, 눈이 내릴 가능성을 예측해요.

기상 관측 레이더 돔

적의 항공기

레이더 화면 위의 깜빡이는 점이 선박이나 항공기의 위치와 이동 방향을 알려 줘요.

'체인 홈' 레이더 송수신탑

전시의 레이더의 활약

제2차 세계대전을 앞두고 영국은 앞으로 예상되는 적의 폭격으로부터 자국의 도시와 공장, 그리고 공군 기지를 보호하기 위해 필사적으로 노력했어요. 이를 위해 1938년 이전에 영국의 남쪽 해안과 동쪽 해안선을 따라 여러 개의 레이더가 설치되었답니다. 이 '체인 홈' 레이더 송수신탑은 약 130킬로미터 떨어진 곳에서도 적의 항공기를 탐지하고, 높이와 방향에 대한 정보를 알려주었어요. 이처럼 영국 공군에게 중요한 정보를 제공해 주는 레이더가 없었더라면 영국과 동맹국들은 특히 사활이 걸려있던 '영국 본토 항공전(1940년 7월~10월)'에서 나치 독일에게 패배했을지도 몰라요. 만약 그랬다면 2차 세계대전의 결과는 달라졌을 수 있었겠지요.

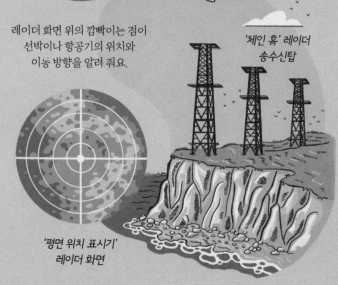

'평면 위치 표시기' 레이더 화면

레이저

"농축된 빛"

레이저는 여러 파장으로 이루어진 가시광선과는 달리 단 하나의 파장, 즉 하나의 색으로만 이루어진 빛을 방출해요. 이 빛은 작은 지점에 초점을 맞출 수 있고, 강도를 잃지 않고도 먼 거리를 이동할 수 있답니다. 오늘날 레이저는 바코드 스캔, DVD 나 컴퓨터의 하드 드라이브에 저장된 정보 읽기, 재료를 절단하고 조각하고 녹이고 용접하기, 거리와 속도 측정 등 매우 다양한 용도로 사용돼요. 레이저는 의료계에서도 사용되는데, 특히 암 치료와 안과 수술에 많이 사용된답니다. 하지만 레이저가 처음 개발되었을 때만 해도 과학자들은 레이저를 어디에 써야 할지 잘 몰랐어요. 1950년대에 물리학자들이 빛과 마이크로파, 그리고 전자기파 방사선에 대한 이전의 연구 자료를 바탕으로 레이저에 대한 연구 개발을 시작했답니다. 1960년 5월, 미국의 물리학자 시어도어 H. 메이먼 Theodore H. Maiman은 사진기의 플래시에서 나오는 빛을 손가락 크기의 루비에 쏴서 최초로 작동하는 레이저를 만들었어요. 몇 달 후 과학자 알리 자반Ali Javan, 윌리엄 베넷William Bennett, 도널드 헤리엇 Donald Herriott이 헬륨과 네온을 이용한 연속 적외선 레이저 빔을 만들었답니다. 1963년에 연구자들이 홀로그램을 만들 수 있는 레이저를 개발하면서 레이저는 처음으로 실용화 되었어요.

'레이저'라는 이름을 만든 사람은 미국의 물리학자 고든 굴드Gordon Gould였어요. 레이저는 '방사선의 자극 방출에 의한 빛 증폭'의 약자랍니다.

레이저의 특징:

단색성: 단일 파장/색상의 빛

가간섭성: 모든 파장이 같은 곳을 향해요

평행성: 가간섭성 덕분에 광선이 퍼지지 않고 좁은 빔에 초점을 유지해요

어떤 레이저는 빛을 너무 강하게 집중시켜 눈과 피부를 손상시키거나 화재를 일으킬 수 있어요.

절단하는 빛

레이저 빔은 금속, 플라스틱, 유리, 돌 등 다양한 재료에 복잡한 패턴이나, 그림 또는 글자를 새기는 데 사용할 수 있어요. 레이저가 생성하는 강렬한 열을 작은 지점에 집중시킬 수 있고, 이를 컴퓨터로 제어하여 빠르고 정확하게 절단할 수 있기 때문에 레이저 절단기는 이런 작업을 아주 잘 수행한답니다.

위성

"궤도를 도는 관측기"

밤하늘을 바라보다 보면 어둠을 뚫고 안정적으로 움직이는 밝은 불빛을 발견할 수 있을 거예요. 그 빛은 지구 궤도를 돌고 있는 수천 개의 인공위성 중 하나일 가능성이 높답니다. 우리가 의식하지 못하는 사이에도 위성은 우리 일상의 필수적인 부분을 담당하고 있어요. 라디오, 텔레비전, 인터넷, GPS, 전화 신호를 전 세계로 전송하는 역할도 통신 위성이 하고 있답니다. 최초로 위성을 개발해서 우주로 쏘아 올린 나라는 소련이었어요. 소련은 1957년 10월 4일에 스푸트니크 1호를 쏘아 올려 전 세계를 놀라게 했어요. 지름 58cm, 무게 83kg의 작은 몸집을 가진 스푸트니크 1호는 동그랗고 반짝이는 몸체 뒤에 네 개의 긴 라디오 안테나가 달려 있었답니다. 스푸트니크 1호는 96분에 한 번씩 지구 궤도를 돌며 정보를 수집했고, 배터리가 방전되기 전까지 21일 동안 꾸준히 지구로 무선 신호를 보냈어요. 그리고 3개월 후 대기권으로 다시 진입하여 불타오르다 소멸했답니다. 스푸트니크 1호의 성공은 라이벌이었던 소련과 미국이 우주 비행에서 서로 우위를 점하기 위해 치열하게 경쟁했던 '우주 경쟁'의 시발점이 되었어요. 스푸트니크 1호가 등장한 이후 위성의 수와 크기가 크게 증가했답니다.

안테나

밀폐된 캡슐

본체 안에는 배터리와 지구로 '삐' 소리가 나는 신호를 보내는 송신기가 있었어요.

스푸트니크 1

센티넬 2

슈퍼 위성

우리는 위성을 이용해 지구와 우주를 관찰하고 모니터링해요. 관측 위성은 놀라우리만큼 상세하게 지구 표면의 모습을 사진으로 남기고, 날씨 양상을 추적하며, 바다나 만년설, 또는 화산 폭발과 같은 자연재해에 대한 정보를 수집한답니다. 고고학자들은 위성의 도움을 받아 고대의 고분이나 폐허가 된 도시 등 아직 발견되지 못한 유적지를 찾기도 해요. 정교한 카메라와 망원경으로 무장한 위성은 지금도 아주 먼 우주 속 수백만 광년 떨어진 곳에 있는 혜성, 행성, 별, 블랙홀, 성운과 은하를 관찰하고 있답니다.

모든 위성에는 전원과 안테나가 있어요. 전원은 배터리 또는 태양 전지판으로 구성되어 있고, 안테나는 지구와 정보를 주고받아요.

우주 로켓

"우주로 힘차게 날아가기"

인류는 하늘을 쳐다볼 수 있게 된 이래로 언제나 우주 탐험을 꿈꿔 왔어요. 하지만 과학적 사고와 기술이 충분히 발전한 19세기 후반에 이르러서야 그 꿈은 현실이 되기 시작했답니다. 우주여행이라는 개념에 한창 매료되어 있던 러시아의 발명가 콘스탄틴 치올코프스키^{Konstantin} ^{Tsiolkovsky}는 19세기 말과 20세기 초에 로켓 설계와 비행 원리에 관한 많은 이론을 남겼어요. 우주 로켓을 만들기 위해서는 지구의 중력을 뚫고 발사할 수 있을 만큼 강력한 엔진과 연료가 필요했고, 1926년에 최초의 액체 연료 로켓이 발사되었답니다. 이 로켓은 비록 12미터밖에 솟아오르지 못했지만 로켓의 연구 개발의 중요한 첫걸음이 되었어요. 현재 우리가 초고속 항공기와 무인 미사일에 사용하는 로켓 엔진 기술은 2차 세계 대전 중에 크게 발전했어요. 1950년대에 시작된 우주 경쟁은 이처럼 많은 기술 혁신에 박차를 가했답니다. 1957년에 소련은 'R-7 세묘르카' 로켓을 이용해 최초의 위성인 '스푸트니크 1호'를 우주로 발사했고, 이듬해에는 미국의 '주노 1' 로켓이 '익스플로러 1호' 위성을 성공적으로 쏘아 올렸답니다.

아틀라스 LV-3B
(높이 28.7미터)

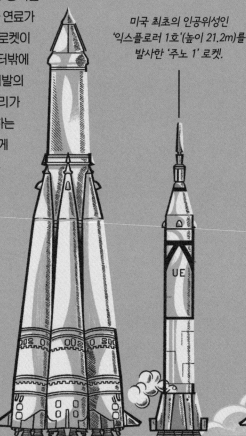

미국 최초의 인공위성인 '익스플로러 1호'(높이 21.2m)를 발사한 '주노 1' 로켓.

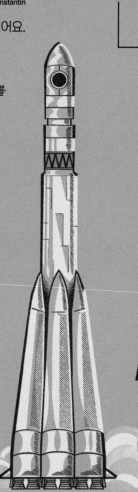

우주 로켓은 우주선과 위성을 우주로 발사하여 먼 우주와 이웃 행성을 연구하는 데 사용돼요.

R-7 세묘르카(높이 29.17미터)

보스토크-K(높이 30.84미터)

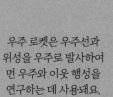

새턴 V(높이 110미터)

달을 향하여!

미국의 모든 우주 프로그램은 NASA(미 항공우주국)에서 관할하고 있어요. 1960년대 초에 NASA의 목표는 달에 인간을 보내는 것이었답니다. 이러한 목표를 이루기 위해 NASA는 '아폴로 프로그램'을 운영하며 수많은 실험을 진행하고, 많은 로켓을 시험 발사했어요. 그리고 그 결과 현재까지 성공적으로 비행한 우주 로켓 중 가장 크고 강력한 로켓으로 기억되는 '새턴 V'를 설계하고 제작했답니다. 1969년 7월 16일, 등유와 액체 산소, 그리고 액체 수소를 연료로 사용하고 총 11개의 엔진으로 구동되는 '새턴 V' 로켓이 '아폴로 11호'의 사령선을 우주로 쏘아 올렸어요. 이 사령선은 세 명의 용감한 우주비행사를 태우고 달까지 갔다가 성공적으로 귀환했답니다.

배양육

"실험실에서 재배한 고기"

이 버거는 일반 소고기 버거처럼 생겼지만 소를 죽이지 않고도 만들 수 있답니다. 그렇지만 가짜 고기는 아니에요. 어떻게 그럴 수 있냐고요? 그건 바로 '배양육'이라는 놀라운(그리고 맛있는) 발명품 덕분이에요. 1990년대 후반부터 전 세계의 다양한 발명가(그중에는 우주비행사도 포함되어 있었답니다)가 함께 개발한 배양육은 동물 세포를 이용해서 생산하는 진짜 고기랍니다. 배양육을 만드는 과정은 닭이나 돼지, 또는 소와 같은 살아 있는 동물의 줄기세포를 채취하는 것으로부터 시작해요. (줄기세포는 근육, 지방 또는 피부 등 다양한 유형의 새로운 세포를 만들 수 있어요.) 이렇게 채취한 줄기세포를 영양분이 풍부한 액체에 담가서 '배양기'라고 불리는 최첨단 탱크 안에 보관해요. 이렇게 하면 세포가 성장하며 우리가 먹는 육류의 대부분을 구성하는 근육과 지방을 형성할 수 있답니다. 이렇게 세포의 성장이 끝나면 고기의 모양을 만들고, 양념하고 조리해서 먹을 수 있어요.

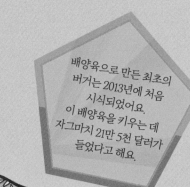

배양육으로 만든 최초의 버거는 2013년에 처음 시식되었어요. 이 배양육을 키우는 데 자그마치 21만 5천 달러가 들었다고 해요.

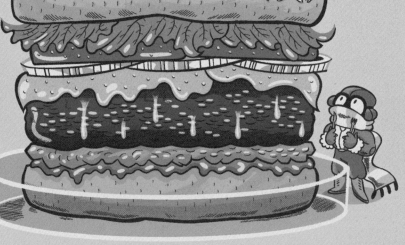

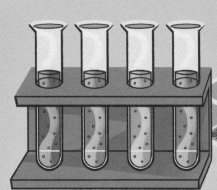

미래에는 비타민이나 미네랄 같은 영양소가 추가된 '강화 고기'가 만들어 질 수도 있다고 해요. 마치 아침에 먹는 시리얼처럼 말이죠.

깨끗하고 안전하며 양심적인

인간이 먹을 고기를 공급하기 위해서는 대규모의 가축 사육이 필요해요. 그런데 여기에는 여러 가지 문제가 따른답니다. 우선 고기를 위해 사육되는 동물은 열악한 환경에서 사육될 수 있어요. 또한 가축은 엄청난 양의 물과 사료를 소비하여 귀중한 자원을 소모한답니다. 현재 축산업이 전체 탄소 배출량의 약 14%를 차지하고 있다고 해요(이는 모든 운송수단이 배출하는 탄소를 합친 것과 맞먹는 양이랍니다). 이는 기후 변화를 악화시킬 수 있습니다. 또한 가축의 먹이를 위한 목장과 콩 농장 건설 때문에 많은 열대우림이 파괴되고 있어요. 이에 비해 배양육은 토지, 물, 농작물을 훨씬 적게 사용한답니다. 앞으로 다가올 미래의 식당에서는 아마도 배양육으로 만든 요리를 제공하게 될 것이에요. 그렇게 되면 우리가 식용으로 먹는 가축의 양을 줄이는 데 많은 도움이 될 수 있답니다.

3D 프린팅

"3차원 인쇄"

간단한 물건을 만들고 싶다면 우선 적합한 재료를 찾아야 해요. 그릇을 만들려면 점토가, 의자를 만들려면 나무가, 촛대를 만들려면 금속이 필요하죠. 재료를 찾은 후에는 원하는 모양으로 주조하거나, 조각하거나 망치로 두드려서 물건을 만들게 돼요. 그런데 이제는 획기적인 방식으로 물건을 만들 수 있게 되었어요. 20세기 후반에 개발된 3D 프린터는 어떤 모양과 크기라도 견고하게 제작할 수 있답니다. 3D 프린터는 컴퓨터에 만든 도면을 따라 빛으로 강화된 특수 소재를 얇은 층으로 쌓아 올려 물체의 모양을 완성해요. 여러 명의 과학자가 이 놀라운 기술을 실현하는 데 기여했답니다. 1981년에 일본의 발명가 히데오 코다마^{Hideo} Kodama가 처음으로 소재를 층층이 쌓아 올려 물체를 만드는 방식의 3D 인쇄 개념을 설명했어요. 이후 1984년에 미국의 찰스 헐^{Charles Hull}이 최초로 대중적인 3D 프린터인 'SLA-1'을 발명했답니다. 현재에는 3D 프린팅 기술의 비용이 훨씬 저렴해졌으며, 놀라우리만큼 여러 분야에서 광범위하게 사용되고 있어요. 장난감이나 차량 부품, 전자 부품 등은 물론이고, 신발, 화석, 치아, 시각 장애인을 위한 예술 작품, 보트 및 건물 전체를 제작하기도 한답니다.

어떤 3D 프린팅 회사는 사람의 모습도 똑같이 복제할 수 있다고 해요. 옷과 포즈, 표정까지도 말이죠.

3D 프린터

토고의 발명가 코조 아파테 그니쿠^{Kodjo Afate Gnikou}는 고물상에 있는 전자기기 폐기물을 이용해서 저렴한 가격대의 3D 프린터를 개발했어요.

삶을 바꾸는 3D 기술

나날이 발전하고 있는 3D 프린팅 기술은 이미 사람들의 삶을 크게 개선하는 데 사용되고 있어요. 한쪽 또는 여러 팔다리를 잃은 전 세계 약 1억 명의 사람들 중 약 20%만이 현재 의족을 사용하고 있다고 해요. 그 이유는 의족 제작 과정이 어렵고, 비용과 시간이 많이 소요되며, 각 사용자마다 맞춤형으로 만들어야 하기 때문이에요. 하지만 3D 프린터를 사용하면 손이나 팔, 다리 등을 더 빠르고 정확하게 제작할 수 있답니다.

용어집

1차 세계 대전 FIRST WORLD WAR
1914년부터 1918년까지 지속된 국제 분쟁으로, 대부분의 유럽 국가와 러시아, 미국, 그리고 중동 국가 일부가 참여함.

2차 세계 대전 SECOND WORLD WAR
1939년부터 1945년까지 지속된 세계 분쟁으로 연합국과 추축국을 비롯한 전 세계 거의 모든 국가가 참여함.

가축화 DOMESTICATE
동물을 길들이고 사육하여 농업이나 운송 등에 사용하거나 반려동물로 키우는 것.

고고학자 ARCHAEOLOGIST
숨겨진 유물이나 유적지를 발굴하는 역사 및 선사 시대 전문가.

고도 ALTITUDE
바다 또는 지면을 토대로 특정 물체의 높이를 나타내는 단위.

곤봉 MACE
무거운 금속 스파이크 등이 머리 부분에 달려있는 무기.

귀족 ARISTOCRAT
사회적 지위가 높은 귀족 계층 사람.

냉전 COLD WAR
1947년부터 1991년까지 지속된 미국과 소련 간의 경쟁과 불신의 시기.

노르드인 NORSE
중세 시대에 스칸디나비아에 살았던 사람들.

대량 생산 MASS PRODUCED
자동화된 기계를 사용하여 물건을 대량으로 제조하는 것.

동맹국(2차 세계대전) ALLIES (WW2)
제2차 세계대전 당시 추축국에 대항했던 국가들. 영국과 영연방 국가, 미국, 소련, 프랑스, 중국, 폴란드 등이 여기에 포함됨.

막 MEMBRANE
장벽이나 내벽을 형성하는 피부 또는 기타 유기 조직으로 이루어진 얇은 층.

메소포타미아 MESOPOTAMIA
현재의 시리아 동부와 튀르키예의 남동부, 그리고 이라크 대부분을 차지했던 고대 지역.

무교병 MATZO
누룩을 넣지 않고 물과 밀가루로 만든 얇은 빵.

미네랄 MINERAL
암석이나 땅에서 형성되는 천연물질.

미노타우로스 MINOTAUR
사람의 몸과 황소의 머리를 가진 그리스 신화에 나오는 괴물.

박테리아 BACTERIA
사람의 몸을 포함하여 지구상의 모든 곳에서 발견되는 단세포 미생물. 일부는 이롭고, 일부는 무해하며 일부는 질병을 일으킬 수 있음.

반구 HEMISPHERE
지구의 북쪽과 남쪽, 또는 동쪽과 서쪽으로 나눈 절반.

선사 시대 PREHISTORY
인류가 문자로 기록을 남기기 이전의 역사적 시기.

소련 USSR
1922년부터 1991년까지 동유럽과 북아시아의 대부분을 점령했던 공산주의 국가. 그러나 소련은 이후 러시아, 벨라루스, 우크라이나를 포함한 15개 국가로 분리되었음.

송수로 AQUEDUCT
골짜기를 가로질러 물을 운반하는 데 사용되는 구조물다리 등.

아시리아 ASSYRIA
현재의 이라크 북부와 튀르키예 남동부에 위치했던 나라.

연금술사 ALCHEMIST
중세에 일반 금속을 금으로 바꾸려고 했던 과학자.

연철 WROUGHT IRON
단단하고 모양잡기 쉬우며 부식과 녹에 강한 철의 일종.

용연향 AMBERGRIS
향유고래의 장에서 생성되는 왁스 같은 물질.

원형극장 AMPHITHEATRE
계단식 좌석이 있는 타원형 또는 원형 야외 공연장.

유목민 NOMADIC
한곳에 오래 정착하지 않고 이리저리 옮겨 다니는 사람들.

인구 조사 CENSUS
연령, 직업 등의 분포를 수집하기 위해 인구에 대해 공식적으로
실시하는 집계 또는 설문조사.

전극 ELECTRODE
회로의 비금속 부분에 닿는 부분. 전극을 통해 전류가 배터리 등
의 전원으로 오갈 수 있음.

전자 ELECTRON
음전하를 띤 아원자원자보다 작은 입자.

정찰 RECONNAISSANCE
유용한 정보를 얻기 위하여 어떤 장소나 지역을 탐험하거나
조사하는 군사적 활동.

천문학자 ASTRONOMER
별, 행성 및 우주에 관련된 것들을 연구하는 사람.

추축국 AXIS POWERS
2차 세계대전 당시 연합국에 대항했던 국가들. 독일, 일본,
이탈리아 등이 포함되어 있음.

축융기 FULLING MILL
모직물을 가공하여 세척하고 밀도를 높이는 기계.

터널 CUTTING
도로나 철도가 통과할 수 있도록 언덕이나 산에 인공으로
만든 통로.

특허 PATENT
무언가를 발명하여 이를 사용, 제조 및 판매할 수 있는 독점적인
권리를 가지고 있음을 인정하는 공식 자격증.

홀로그램 HOLOGRAM
레이저로 만든 3차원 이미지.

화물 CARGO
여러 수단으로 운송하는 물건들.

휴대용 PORTABLE
휴대하거나 운반하기 쉬운 것.